여행으로 자란다

여행으로 자란다

글 · 그림 고현아

좋은땅

목차

00

여행을 시작하면서

2018년 10월 3일, 어떤 날에 여행을 떠날까 하다가 가을이 가장 절정이었던 날로 시작을 정했다. 이렇게나 기약 없는 장기 여행을 떠나는 것은 생애 처음이라서, 배웅을 나선 부모님과 나도 알 수 없는 감정에 입국장에서 서로에게 건강히 지내라는 말만 몇 번을 나누다가 사랑한다는 말도 못 하고 헤어졌다. 여러 번 들어갔던 입국장이었으나, 당분간은 익숙하던 인천공항의 입국장을 볼 수 있을지도 확실하지 않아 남은 비행기 탑승 전까지 계속 걸어 다녔던 것 같다. 나는 어느 나라를 내 첫 나라로 정해야 나의 앞으로의 여행을 내가 잘 해낼 수 있을까 고민하다가, 이번 여행을 제외하고 나름 제일 길게 지내봤던 호주로 시작하기로 했다.

조언을 얻었던 여행의 선배들은 어째서 수많은 행선지 가운데 굳이 호주로 정했냐고 했다. 대부분의 세계여행을 하는 사람들 중에서는 호주를 첫 나라로 정하는 이유가 보통 워킹홀리데이로 떠나서 돈을 모아 그곳에서 여행을 시작하는 경우가 많았는데 나는 이미 워킹홀리데이도 다녀왔기에 "또다시 갈 필요가 없지 않아?"라는 말도 들었다. 그런데도 가는 이유는 세계 일주를 하는 동안 6대륙을 다 여행해 보고 싶다는 목표가 있었기 때문이었다. 6대륙으로 구성된 전 세계를 여행하기로 했다면 기왕이면 전부 다 밟아 보는 여행을 하고 싶었다. 또한 20대의 초반, 멋모르고 워킹홀리데이로 시드니의 시티에서 살면서 만든 아련한 추억과 용기가 없어 가 보지 못했던 호주의 다양한 도시들이 생각에 아른거렸기에 그런 결정을 하게 됐다. 덕분에 경로는 엉망이었지만, 여행의 끝에서 나의 시작이 호주였던 것이 오히려 나에게는 다행이었다는 생각이 들었다.

독일의 시인이자 과학자인 괴테는 이런 말을 남겼다. 첫 단추를 잘못 끼우면 마지막 단추를 끼울 구멍이 없어진다는 말이었다. 나 역시 작은 징크스처럼 나의 여행의 첫 시작이 좋아야 마지막까지 좋았던 기억이 대부분이었기에 좋았던 추억이 많은 호주에서의 여행의 시작을 잘했고, 그 덕분에 한국으로 돌아올 때까지 큰 사고 없이 잘 마칠 수 있었던 것이라고 생각하고 있다.

지금 적고 있는 이 글에는 내가 여행했던 모든 나라와 모든 도시, 여행 중에 만난 모든 동행들의 이야기가 나오지 않는다. 나는 27개국

122개의 도시를 여행했고 가끔은 한 도시에서 길게는 2주, 짧게는 하루도 채 머무르지 못했다. 첫 번째로 적던 원고에다가 여행했던 모든 것을 담으려고 하다 보니 내용도 많이 길어지고 내가 다시 읽어도 지루해지는 것 같아 모든 원고를 전부 뒤엎었다. 대신 매일같이 적었던 내 일기장에서 제일 즐겁게 이야기할 수 있는 내용이나 내 자신이 성장할 수 있었던 이야기가 담긴 도시들 위주로 에세이를 적어 보기로 했다.

내가 지금, 이 글을 읽는 독자에게 바라는 것은 글에 적혀 있는 그때의 나와 함께 여행하듯이 책을 읽어 주었으면 좋겠다. 날 때부터 작가로 태어난 사람이 없듯, 누군가에게는 너무나 서투른 글일지 모르겠으나 그저 나 자신이 즐겁게 친구와 이야기하듯 글을 적어 보려고 한다. 내 이야기를 들어주는 친구들에게 늘 하는 말이지만 내 글을 읽는 모두가 끝까지 나와 함께 이 즐거운 여정을 끝낼 수 있기를.

01

멜버른 : 뜻밖의 행운을 만나고, 또 우리가 그 뜻밖의 행운이 되어 주고

나에게는 호주를 여러 차례 여행할 기회가 있었지만 아쉽게도 호주의 대부분을 시드니와 캔버라에만 있었다. 다른 좋은 도시들이 많다 말로만 들었었지만, 과감하게 다른 도시를 여행할 자신이 그때 당시에는 없었다. 그러다가 호주에 네 번째로 방문하게 된 이번에 드디어 나에게 새로운 호주의 도시인 멜버른을 여행하게 되었다. 멜버른은 정말 멋진 도시였다. 누군가는 나에게 호주에서 유럽의 풍경을 즐겨 보고 싶다면, 꼭 멜버른에 가 보라고 말을 했는데 그 말이 무슨 뜻인지 맑은 날의 플린더스역에 도착하자마자 바로 알아차렸다. 오래되어도 아름다운 기차역의 모습은 유럽의 어느 기차역과 많이 닮아 있었다. 멜버른 시내의 곳곳에 역사를 간직한 건물들과 함께 초록의 나무들과 고층의 빌딩마저 아름답게 어우러져 있었다.

멜버른에는 바닷가를 따라 길게 뻗은 도로의 그레이트 오션로드도 있고, 오래된 빈티지 플리마켓인 캠버웰 마켓도 있지만 그중에 내가 가장 좋아했던 곳은 피츠로이였다. 피츠로이는 시내에서 트램을 타고 20분 정도 가면 도착하는데, 골목마다 멋진 카페와 빈티지 샵, 어느 예술가가 그려 둔 그래비티와 매력적인 레코드 가게가 있었다. 일정이 맞을 때마다 만나서 함께 여행하던 동행이 추천해 줬던 베이글 가게에서 베이글 하나 주문해 이른 점심을 먹으려고 하는데, 그 가게를 추천해 준 동행이 우연히 가게로 들어왔다. 우리는 서로를 보고 한바탕 웃은 다음, 역시 세상은 좁다며 자연스럽게 피츠로이를 함께 구경했다.

다양한 빈티지 샵과 소품 샵을 구경하다가 호주의 햇빛이 너무 강해 꼭 필수로 가지고 있어야 하는 선글라스를 찾다가 마음에 쏙 드는 것으로 하나 구입하고, 시내로 돌아가려고 하는데 갑자기 동행이 들고 다니던 카메라가 없어졌다고 했다. 너무 놀라서 어디에 두고 왔는지 기억하냐고 물어보니 기억이 나지 않아 일단 들렀던 가게들을 다 돌아보기로 했다. 맨 마지막에 갔던 가게에서 찾아보려고 하는데 동행이 중간에 들렀던 서점에서 물건을 사면서 옆에다가 두고 온 것 같다면서 다녀오겠다고 했다. 다행히 가게에서 카메라를 먼저 발견하고 보관하고 있었고, 무사히 찾을 수 있었다. 한국에서는 물건을 자리에 두고 나가도 주인이 있을 거란 인식에 아무도 물건을 건드리지 않지만, 해외에서는 사실 물건을 두고 갔으면 다시 찾는 것이 행운이라고 생각해야 할 정도로 되찾기가 어렵다고 생각해야 한다. 그래서 동행이 무사히 카메라를 찾은 것은 정말 행운이었다.

멜버른 피츠로이의 한 소품샵

서로 놀란 마음을 진정하고 나니 배가 너무 고파져서 밥을 먹으러 시내로 이동하는 길 위에서 누군가가 덩그러니 두고 간 노트북과 아이패드를 발견했다. 우리는 카메라를 잃어버리고 찾았으니 우리 역시 누군가가 잃어버린 것이라면 찾아서 돌려주자는 말이 나왔다. 다행히 그 안에 전화번호가 있었고, 전화를 걸어 봤더니 어떤 여성분이 바로 찾으러 오겠다며 기다려 달라고 했다. 10분 정도 기다리면서 빵 집에서 샀던 크루와상을 나눠 먹고 있었는데 할머님 한 분이 부랴부랴 오시는 것이 보였다. 할아버지께서 두고 간 것 같다고 챙겨서 연락해 주어서 정말 고맙다고 하셨다. 동행과 나를 보시면서 여러 차례 고마워하시면서 너네는 특별하고 사랑스럽다며 칭찬도 해 주셔서 오히려 우리가 더 행복해졌다. 할머님이 돌아가시는 것을 보고 우리도 발걸음을 뗐는데, 서로 우리가 받은 행운을 누군가에게 또 나눌 수 있는 것이 얼마나 감사한지 이야기했다.

사람은 지극히 사회적인 동물이라서, 혼자서는 결코 살아남을 수 없다고 한다. 누군가에게 받은 선행은, 또 내가 어디선가 나눴던 선행이라고 생각한다. 세상을 아름답게 만드는 방법은 커다란 무언가를 해낼 필요 없이 내가 당장 할 수 있는 것을 나누는 것부터 시작된다고 생각한다. 특별한 사람만이 특별한 것을 하는 게 아니라는 것을 오늘 또 한 번 느꼈던 하루였다.

02

서머셋 : 작은 도시에서 오리지널 할로윈을 만났다

호주를 떠나 바로 미국으로 넘어오는 것은 쉽지 않았다. 원래 계획은 호주에서 한 달 정도 여유롭게 여행하고 미국으로 넘어가는 것이었는데, 미국에 살고 있는 태국인 친구인 통통이 할로윈에 맞춰서 집으로 초대해 줘서 일정을 맞추느라 호주 여행이 짧아졌다. (통통은 친구의 친구로, 통통이 한국에 놀러왔을 때 모임에 함께 한 적이 있어 알게 된 친구다.)

호주를 떠나 마닐라를 경유해서 샌프란시스코로 입국했는데, 오래전 미국으로 여행 갔던 기록 덕분에 패스트 트랙을 거쳐 별도의 입국심사를 받지 않고 들어갈 수 있었다. 샌프란시스코와 로스앤젤레스를 여행하고 켄터키에 위치한 서머셋이라는 친구가 사는 도시는 너무 작아서 공항이 없기 때문에 가장 가까운 루이스빌 공항으로 넘어가기로 했다. 마침 친구의 어머니가 태국에서 친구를 보러 왔기 때문에 공항에 배웅하는 김에 나를 데리고 가 주기로 했다. 어머니를 예전에 태국에서 뵌 적이 있어 나도 합류해서 함께 인사드리고, 공항에서 배웅해 드린 다음에 서머셋으로 출발했다. 새벽 일찍 만났기 때문에 이동하는 중간에 굉장히 미국다운 식당에서 아침을 먹었다. (미국답다는 말은 내부가 정말 크고, 켄터키하면 생각나는 이미지와 딱 맞아떨어지는 곳이었다. 심지어 주문한 음식의 양이 정말 많아서 다 못 먹었다.)

그리고 점심쯤에 드디어 친구네 집에 도착했는데, 게스트룸 하나를 통째로 빌려주셔서 정말 감사했다. 친구는 일하러 다녀온다고 해서 나는 방에서 낮잠을 잤는데, 금세 저녁이 되어 친구를 돌봐주시는 호스트 부모님을 처음 뵙게 되었다. 너무 환영해 주셔서 감사했는데, 아직은 처음이라서 어색하고 낯설지만, 또 한편으로 미국에서 만나게 될 할로윈 문화가 굉장히 기대되었다.

우리가 가장 처음으로 하게 된 것은 통통이 다녔던 대학교의 기숙사가 위치한 볼링그린으로 떠나는 것이었다. 친구의 대학 친구들을 만나는 게 처음에는 너무나 어색했지만, 한국 사람도 있어 금방 친해질 수 있었다. 다함께 한식을 먹으면서 수다 떨다가 내슈빌이라는 도시로 할로윈 파티를 하러 가자고 말이 나와서 급하게 근처 쇼핑몰로 코스튬 할 만한 것이 있는지 찾아보러 갔다. 쇼핑몰에서 분장할 것을 찾진 못했지만, 귀여운 아이들이 다양한 코스튬을 하고 쇼핑몰에서 진행하는 이벤트에 참여하는 걸 보는 것이 너무 즐거웠다. 그냥 간단하게 꾸미고 놀자하고 기숙사로 돌아와서 다 함께 떡볶이도 만들어서 맥주와 함께 먹고 마시면서 곧 학교 내에서 풋볼 게임 하는데 구경 가자고 말이 나와서 구경 갔는데, 14대 0으로 완전히 대패하고 있어서 그냥 바로 나와 대학교 구경만 하고 돌아왔다.

우리는 늦은 밤에 내슈빌로 넘어가서 클럽에 들어갔는데, 다들 너무 멋지게 코스튬도 하고 화장도 해서 엄청 화려했다. 우리같이 평범하게 온 사람들도 많아서 어색하진 않았지만 이미 늦은 시간이었고 다들 이미 기숙사에서부터 놀다가 체력이 엄청 바닥나 있던 상태여서 조금만 놀다가 1시간 정도 있다가 다시 볼링그린으로 돌아와서 간단하게 선잠을 잤다. 3시간 정도 자다가 다시 서머셋으로 돌아왔는데 피곤하긴 해도 정말 즐거웠다. 혼자였다면, 절대 경험할 수 없는 것들을 나에게 보여 주고 싶어 하는 친구덕분에 여행의 초반부터 행복한 추억을 만들고 있는 것 같아 정말 고마웠다.

서머셋에 머무는 동안 가장 재밌었던 기억은, 친구들과 함께 동네마다 자발적으로 만들어지는 귀신의 집을 체험하러 갔던 것이었다. 할로윈이 다가올수록 동네 주민들이 모여서 자발적으로 개성 넘치는 귀신의 집 체험을 만드는데, 꽤 진지하게 준비한다고 그래서 기대가 됐다.

가장 먼저 방문했던 곳은 서머셋 다운타운에서 만들어진 귀신의 집이었는데, 빌딩 지하를 개조해서 돌아보는 곳이었다. 알고 보니 통통이 그런 귀신의 집 체험을 엄청나게 무서워하면서 즐기는 성격이었다. 같이 갔던 다른 친구 두 명은 금방 나가고 나는 통통이랑 서로의 팔짱 끼고 구경했는데, 짧지만 꽤나 그럴듯하게 만들어 놔서 재밌었다.

서머셋의 헌티드 하우스

두 번째 가 봤던 귀신의 집은 줄이 엄청나게 길었는데 기다린 것보다 너무 재미가 없어서 오히려 다운타운에서 본 엉성하지만, 재밌었던 귀신의 집이 더 낫다고 서로 이야기했다. 구경하고 나오니 호박으로 데코레이션 해 둔 언덕이 꽤 귀여웠다. 다들 너무 아쉬워서 갑자기 영화 〈할로윈〉을 보러 가기로 했다. 동네에 있는 작은 영화관에서 영화도 보고 나오니 늦은 시간이었는데, 배가 너무 고파 패스트푸드점에 가서 야식으로 햄버거도 먹었다. 오늘 본 귀신의 집이 너무 아쉬우니 또 다른 귀신의 집을 가 보자고 하면서 친구들과 헤어졌다.

마지막으로 갔던 귀신의 집은 렉싱턴이라는 다른 도시까지 가야 있는 정말 테마파크처럼 만들어진 곳이었다. 비가 너무 많이 와서 2개의 어트랙션을 가 보려고 했는데, 하나밖에 운영하지 않는다고 해서 멀리까지 갔는데도 아쉽게 하나만 보게 되었다. 13개의 문이라는 어트랙션이었는데 돈이 정말 아깝지 않게 만들어진 곳이었다. 컨테이너가 여러 개 설치되어 있었는데 각각의 컨테이너마다 테마가 달랐다. 어떤 곳은 광대도 나오고, 악당이 쫓아오는 것도 있고 맨 마지막은 안개를 엄청 짙게 해 놔서 앞에 누가 있는지 모르게 시야 차단이 돼서 친구들을 찾아 헤매다가 어느새 내가 맨 앞에 있는 상황도 생겼다. 너무 무서운데 재밌어서 소리를 꺅꺅거리면서 지르다가도 깔깔거리면서 웃기도 했다.

멀리까지 미국의 할로윈을 경험하러 왔다며 나를 데리고 다녀 주는 친구들을 보면서 내가 무슨 복이 있어 이런 좋은 사람들을 만나게 되었나 생각이 깊어졌다. 앞으로 만나게 될 많은 사람에게 나 역시 좋은 사람으로 기억되기를 간절히 바라게 되는 마음으로 그곳에서 기도했었다.

03

시카고 : 매그니피센트 라이트 페스티벌로 연말을 맞이

서머셋을 떠나는 날, 내가 버스 타는 곳까지 데려다주고, 버스가 떠날 때까지 기다려 준 친구들을 보는데 눈물이 났다. 친구들 덕분에 행복했던 서머셋을 떠나 미국의 중부에 위치한 대도시, 시카고로 이동했다. 새벽에 도착하자마자 버스에서 내리니 귀가 얼어붙는 추위에 자동으로 몸을 움츠리게 되었다. 서둘러서 짐을 챙겨 예약해 둔 숙소로 갔는데, 체크인 시간까지 기다려야겠거니 하고 갔는데, 운이 좋게도 이른 체크인을 해 주겠다는 상냥한 스텝을 만났다. 배정받은 방에 들어가니 아무도 없어서 너무 좋았다. 서둘러 샤워하고 한숨 깊게 자고 일어나니 점심시간이 훌쩍 지나 있었다. 일정에 급한 것이 없으니, 마음이 여유로웠다.

하루를 그렇게 보내면서 다음 날에 무엇을 해 볼까 고민하다가 시카고에서 정말 유명한 시카고 미술관에 방문하기로 했다. 간단하게 브런치를 챙겨 먹고서 시카고 미술관에 들어갔다. 30만 여개의 작품들이 모여 있는 미술관답게 규모가 무척 커서 일단 눈에 보이는 곳부터 돌아보기로 했다. 아름다운 작품들도 좋았으나, 유난히 높은 천장에 몇 개씩 전시된 홀에 덩그러니 그림을 볼 때 왠지 마음이 편안해졌다. 아무도 서로를 신경 쓰지 않고 오직 작품에 몰두하는 곳이라는 게 나에게 안정감을 선물하는 듯했다.

특히 가끔 자신의 이젤을 들고 와서 오래된 그림 앞에서 모작하는 이들을 몇 명 보게 되었는데, 그들의 열정에 왠지 모르게 나도 배울 점이 많아졌다. 누군가는 그림의 모작이나 습작이 졸작이라고 말하지만, 과연 그것을 우리가 감히 정의할 만큼 우리는 예술의 깊이를 가지고 있을까 라고 생각하곤 했다. 더 나은 자기 작품을 만들기 위하여 이미 걸어간 훌륭한 선배들의 발걸음을 따라 걸어보는 것, 그것 역시 하나의 경험이 될 수 있다는 것을 나 역시 따라 걸어보았기에 함부로 말할 자격이 없었다. 아름다운 작품에 감싸져 누군가의 열정을 보는 내 하루가, 나 역시 더 나은 사람이 되고 싶다는 바람을 담게 만드는 시간이 되었다.

11월 시카고를 여행하기로 마음먹었던 이유는, 가깝고 큰 공항이 시카고여서도 있었지만, 매그니피센트라는 유명한 라이트 축제가 열린다는 정보를 얻었기 때문이었다. 크리스마스가 다가오면서 미국 역시 다양하게 크리스마스 이벤트가 열리는데, 특히 시카고에서 하는 매그니피센트 축제는 시카고의 중앙거리 나무마다 설치해 둔 전구들을 점등하는 퍼레이드가 가장 유명했다. 퍼레이드 하는 본 행사 하루 전부터 다양한 이벤트 부스들이 설치되어 있었는데, 축제 구경을 하면서 반짝이는 사람들의 눈에서 연말을 실감할 수 있었다.

시카고 시티와 미시간 호수

본 행사가 있는 날, 저녁에 퍼레이드 구경할 겸 점등식을 보기 위해 메인 스트리트로 나섰다. 다들 삼삼오오 모여 연말을 기뻐하는 모습에 덩달아 나도 한 해의 마무리를 시작하는 기분이었다. 다양한 이벤트 부스에서 나눠 주는 잡다한 간식거리를 먹으면서 첫 퍼레이드 행렬이 지나가면서 전구에 점등이 되는 모습에 모인 사람들과 연신 감탄하며 구경했다. 퍼레이드라고 해서 놀이공원에서 하는 공연 같은 퍼레이드는 아니었지만, 시카고에 위치한 회사나 학교에서 다 함께 나와 기념하고 기뻐하며 행진하는 모습에 왠지 모를 감동이 되었다. (물론 그 사이에 나 혼자 연말을 맞이하는 기분이라서 약간 쓸쓸하긴 했지만 홀로 여행하는 여행자의 숙명 같은 것이라서 익숙해져야 했다.)

행렬이 다 끝나고 나서는 불꽃놀이가 있다고 해서 온갖 빌딩이 모인 곳에서 어떻게 불꽃놀이를 할 수 있지? 했는데 건물의 안전을 위해 낮은 각도로 불꽃놀이를 진행해서 정말로 신기했다. 꽤 길게 행사를 진행해서 기간에 맞춰 축제를 구경할 수 있어 행운이라는 생각이 들었다. 이제 며칠 뒤면 또 다른 도시로 떠나야 하지만, 매번 배낭을 꾸리고 다시 새로운 낯섦에 접어든다는 것, 또 그 낯섦이 시간 지남에 따라 금방 익숙해지고 도시의 곳곳을 사랑하게 되는 것이 너무 매력적이다. 이게 아마 배낭여행의 행복일지도 모르겠다. 이 여행의 끝까지, 아니 내 삶에 남아 있을 여행마다 부디 내 마음이 그대로 열정을 가지고 가는 발걸음마다 사랑하며 여행했으면 좋겠다.

04

트리니다드 : 차메로 아저씨네에서 우리는 많이 웃었다

미국을 떠나 쿠바로 넘어왔다. 쿠바에는 아름답고 색다른 매력을 가진 도시들이 많이 있었지만 특별히 내가 좋아했고, 다양한 활동을 할 수 있었던 트리니다드를 여행했던 것을 적어 보고 싶었다.

트리니다드는 차메로라는 아저씨가 운영하시는 까사(쿠바에서는 숙박업소를 까사라고 부른다.)가 한국 사람들 사이에서 엄청 유명했는데, 트리니다드로 여행 오는 대부분의 한국 사람이 차메로의 까사에서 다양한 투어 프로그램도 하고, 숙박이나 식사를 해결하곤 했다. 실제로 사이트에서 트리니다드를 검색하거나 카페에서 쿠바 여행을 계획하는 이들에게 이미 다녀온 사람들이 추천하는 곳이기도 했다. 나 역시 차메로의 까사에 가면 숙박이 해결될 거라는 마음으로 도착하자마자 오프라인 지도를 켜고 미리 찍어 둔 차메로의 까사로 이동했다. 아쉽게도 이미 방이 가득 차 머무를 곳이 없다는 차메로의 말에 아쉬워하고 있는데 근처의 사촌이 운영하는 까사에 방이 있다며 소개해 줘서 저렴한 가격에 머무를 수 있게 되었다.

숙소에 짐을 풀고 도시의 중심부로 올라갔는데, 가장 먼저 커다란 자주색의 꽃이 가득 핀 꽃나무가 있는 중앙광장이 눈에 들어왔다. 계단 위로 사람들이 삼삼오오 앉아 수다를 떠들고 떠돌이 개들이 잠을 청하던 곳, 해가 저물면 라이브로 연주되는 곡과 함께 사람들이 살사를 추곤 했던 장소였다. 내가 트리니다드에서 가장 사랑했던 곳이기도 했다. (사실 트리니다드 자체가 그렇게 큰 도시는 아니었기에 돌아보는데 그렇게 많은 시간이 걸리진 않았다.) 골목길을 걷다가 하바나에서 플라야 히론까지 함께 여행했던 언니를 우연히 만났는데, 언니가 저녁을 차메로의 까사에서 먹기로 예약했다면서 나도 함께 먹자고 제안해 줬다. 언니는 이미 다른 동행과 함께 다니고 있었는데, 저녁에 만나기로 하고 일단 헤어졌다. 나도 도시를 둘러보고 숙소로 돌아가기 전 차메로에게 오늘 저녁 함께 먹어도 되냐고 물으니 다행히 가능하다고 해서 함께 저녁 식사를 할 수 있었다.

예약한 시간보다 조금 이르게 까사의 거실에서 다른 사람들이 적어 둔 방명록을 구경하고 있는데 동행들이 왔다. 같이 대화를 나누다가 언니는 예약해 둔 여행이 있어 금방 떠나야 했는데, 언니와 함께 여행하고 있던 친구는 플라야 히론을 여행할지 아니면 다른 곳을 가 볼지

트리니다드 중앙광장

고민하고 있기에 내가 머무는 방의 옆 침대가 비었다고 같이 투어 프로그램하면서 놀다가 맞춰서 떠나자고 유혹했다. 그렇게 꼬드기기를 성공해서 새 룸메이트를 얻고서, 저녁 시간이 시작되었다며 이동하라는 말에 함께 저녁을 먹을 공간으로 들어가자마자 식탁 위에 수프하고 샐러드가 산처럼 쌓여 있었다. 우리는 랍스터 코스로 예약했는데, 한 사람당 메인으로 랍스터 튀김 두 조각과 칠리소스를 얹은 랍스터 한 마리, 마늘을 잔뜩 얹어 구운 한 마리가 나왔다. 통통하게 잘 요리된 랍스터는 '역시 좋은 재료가 요리사를 잘 만나면 고급 요리가 되는구나' 생각하게 했다. 그동안 좋은 식재료를 가지고 단순하게 조리된 음식만 먹고 여행하던 나에게 큰 행복 같은 저녁이었다. 그날 나온 모든 메뉴가 맛있었지만 나는 특히 차메로가 만들어 주는 '칸찬차라'라는 쿠바의 칵테일이 가장 마음에 들었다. 먹고 싶은 만큼 만들어 준다고 하지만 칸찬차라 한 잔과 모히또 한 잔해서 두 잔 마셨는데, 칸찬차라가 너무 맛있어서 차메로에게 물어 만드는 방법까지 배워 두었다. 문득 식탁 위에서 모르는 사람들과 만나 새로운 관계를 만들어 가는 것, 가장 큰 여행의 묘미가 아닐까 생각이 들었다.

새로운 동행을 얻은 나는 차메로의 까사에서 다양한 투어 프로그램을 신청해서 다녔다. 그중 가장 재밌었고 가장 고생했던 투어는 자전거를 빌려서 바닷가까지 나갔다 오는 거였는데, 가이드가 안내해 주는 투어라기보단 자전거를 빌려서 스스로 근처로 다녀오는 것이긴 했다. 아무튼 자전거를 빌려서 동네에서 한 시간 정도만 가면 바다가 나온다고 추천해 주기에 그거만 믿고 출발했는데, 자전거가 한국에서 타는 자전거의 퀄리티가 아니라는 것을 간과했다. 20분 정도 신나게 타면서 가다가 엉덩이와 허리가 부서질 것 같아지기 시작했다.

우리는 한 시간을 더 가야 하는데, 길의 상태도 임시 도로와 포장도로의 어느 경계선에 있었다. 그때 우리는 돌아갔어야 했는데, 일단 가보자 한 것이 시발점이었다. 원래는 내추럴 비치라고 불리는 바닷가까지 나가려고 했지만, 도저히 움직일 수 없는 상태가 되어 가는 길목에 잔잔하고 조용한 바닷가가 있어 그곳에서 놀기로 했다.

일단 부서질 것 같은 허리를 위해 푹신한 모래 위에 앉아 조금 쉬다가 맑은 카리브의 바다로 뛰어들었다. 물이 너무 맑고 깊지 않아서 일단 만족스러웠다. 내 발이 다 비치는 물가에서 둥둥 떠다니다가 맥주가 마시고 싶어서 근처에 있는 간이식당까지 걸어갔다 왔다. 조금 걸으니, 우리가 처음에 목표했던 내추럴 비치가 보였는데, 놀러 온 사람들이 있는 걸 보고 오히려 동행이랑 차라리 중간에 작은 바닷가에서 놀기로 한 것이 오히려 한적하고 좋아서 잘되었다는 이야기했다. 맥주와 물을 사서 돌아와 바닷가에 앉아 수다를 떨다가 몸이 말라 가면서 더워지기에 또다시 입수. 파도조차 없는 투명한 바다에서 그대로 까맣게 익어 가는 몸이 걱정되지 않는 이유는, 다신 오지 않을 순간을 살고 있기 때문이겠지 싶었다.

다 놀고 돌아오려는 길에 다시 그 자전거를 타려고 보니 온 길이 생각이 났다. 물놀이해서 지치고, 편하지 않은 길과 자전거가 한숨이 나왔지만 버리고 갈 수 없으니 남은 힘을 쥐어짜서 돌아왔다. 중간에 자전거를 길에 던져 버리고 차라리 걸어가고 싶은 충동이 들었지만, 내 자전거가 아니니까 애썼는데, 그래서 돌아오자마자 완전 방전이 되어 버렸다.

자전거를 반납하고 숙소에서 씻고 나오니 세 시에 예약해 둔 살사 수업을 들으러 가야 했다. 동행과 누워 있으면서 우리는 무슨 자신감으로 이렇게 일정을 짰던 걸까 하며 후회했지만, 이미 예약을 해 버린 지라 기다리고 있을 선생님들에게 취소한다고 말할 수 없었다. 너무 지쳐서 살사를 춘다는 것이 너무 힘들 것 같았는데, 또 막상 가서 음악과 함께 간단한 살사 스텝과 턴을 배우다 보니 흥이 올라서 한 시간의 수업이 훌쩍 지나가는지도 모르게 순식간에 지나가 버렸다. 가르쳐 주는 선생님들의 열정에 살사를 제대로 배워 볼까 생각이 들 정도로 즐거운 경험이 되었다. 수업이 끝나고 나오니 말도 안 되는 허기에 서둘러 밥을 먹으러 갔는데, 방문한 식당에서 주문한 음식도 맛있어서 말 그대로 행복을 느꼈다.

트리니다드의 마지막 일정은 승마 체험 투어였는데, 이것도 역시나 차메로에게 예약했다. 자전거를 빌리면서 승마도 함께 예약했는데, 당일은 안 된다고 했고 다음 날 가능하다고 해서 다음 날로 예약했었다. 토니라는 아저씨가 보유한 말을 타러 가는 투어였는데, 아침부터 마차를 타고 마중 나와 있었다. 마차를 타고 말들이 정말 많이 모여 있는 곳으로 갔는데 생각보다 승마 체험이 흔하게 경험해 보고 가는 투어인 것 같았다. 토니가 보유한 말들은 외곽에 있는 마구간에서 만날 수 있었는데, 토니가 헬멧을 쓰고 각자 배정받은 말 위에 올라가게 도와줬다. 그러고 나서는 어떻게 하면 왼쪽과 오른쪽으로 방향을 틀 수 있는지 간단하게 알려 주고선 바로 실전으로 출발했다.

트리니다드 승마체험

토니는 앞장서고 우리가 뒤따라가는 투어였는데, 이렇게 아무런 보호 장치 없이 타는 건지는 전혀 예상 못 했기에 루트 따라서 계곡까지 올라가는 길에서 낙마를 할 뻔했던 일도 있었다. 더 조심스러워져서 계곡 도입부까지 올라갔는데, 입구에서 토니는 여기에 있을 테니 계곡까지 알아서 올라갔다 오라고 했다. 완벽한 방목 투어에 매우 당황스러웠지만 쿠바에서 놀라운 경험을 여러 차례 한지라 그냥 수긍

하고 동행과 산을 타기 시작했다. 어느 정도 올라가다 보니 간이매점 같이 커피도 팔고 시가도 펴 보는 곳이 나왔는데, 커피를 마실 생각도 없이 건네주는 커피를 마셨다가 강매당했다. 커피를 마시면 시가도 하나 무료로 피라고 주는데, 담배도 피지 않는데, 남기고 가면 아까워서 펴 보는 흉내만 내 봤다. 다시 계곡으로 올라가는데 10분 정도 가다 보니 작고 귀여운 폭포와 함께 예쁜 자연 수영장이 있었다.

나는 수영을 하고 싶어서 수영복을 옷 안에 입고 갔기 때문에 바로 탈의하고 물에 뛰어들었다. 계곡까지 올라오는 길이 꽤 험해서 땀이 난 상태였기에 맑은 계곡에서 수영하는 것이 너무 개운하고 행복했다. 함께 온 동행은 수영 생각이 없었는데 내가 계속 같이 수영하자고 불러서 결국 물에 들어왔는데 진작 들어올 걸 하고 말하는 동행을 보면서 덩달아 기분이 좋아졌다.

좋은 사람을 만난 것도 행운인데, 좋은 사람에게 좋은 경험을 선물한 것 같아 좋다. 우리가 쿠바의 트리니다드에서 동행으로 만나게 된 것도, 우연에서 필연이 되는 것은 한 끗 차이라고 믿기에 우리가 함께하게 된 것은 어쩌면 정해진 인연이 아니었을까 생각했다. 잔뜩 물놀이하다가, 슬슬 내려갈 시간이 된 것 같아 몸을 간단하게 말리고 내려왔더니 토니가 말 위에서 누워 쉬고 있었다. 멋진 친구. 말도 타고 수영도 하고 간단한 트래킹을 했더니 배가 고파서 점심을 먹고 싶다고 말했더니 식당으로 이동해서 밥을 먹고 마지막 승마를 하는데 슬슬 적응할 때쯤에 말에서 내려와야 해서 갑자기 아쉬워졌다. 승마를 마치고 집에 돌아와서 씻는데 몸이 너무 타 버려서 앞으로 얼마나 더 까맣게 탈지 예측도 안 되기 시작했다. 이 여행에서 나는 햇빛에 잔뜩 그을리고, 또 까맣게 그을린 만큼 행복하기를 바랐다.

아바나로 돌아갈 때 탔던 올드카 택시

다시 아바나로 돌아와 쿠바를 떠나기 바로 마지막 밤이었다. 우리는 남은 돈을 털어 아바나에서 방문했던 식당 중 내 기준에서 가장 비싸고 맛있다고 생각했던 식당에 갔다. 남은 돈으로는 음료조차 시키지 못하고, 겨우 두 가지의 음식을 주문하여 기다리고 있는데, 옆자리에 앉은 휴스턴에서 온 아주머니가 말을 걸었다. 그 가게에서 유일하게 동양인인 우리가 신기해 보였나 보다. 어디서 왔냐는 질문에 한국에서 왔다니까 여러 가지 말들을 한글로 어떻게 말하는지 묻고는 내가 말하는 한국말을 어설프게나마 따라 하셨다. (뭔가 그렇게 따라해 주시는 것들이 정말 관심을 갖는 것 같아서 신기하고 즐거웠다.)

간단한 담소를 나누던 중 우리의 음식이 나왔고, 두 가지의 음식을 보면서 음료는 마시지 않냐고 물어보기에 우리의 마지막 밤이라서 남은 돈을 다 털어 주문한 음식이라고 말했다. 그랬더니 음료도 주문하라고 말했지만 괜찮다고 하고 나온 음식을 즐기고 있는데, 식사를 마친 휴스턴 아주머니는 우리에게 우리의 음식까지 다 계산했다고 말을 해 주셨다. 너무나 당황스러운 마음에 괜찮다고, 우리에게도 돈은 있다고 말했지만, 아주머니는 우리의 여행이 그저 이 밤의 시간으로 더 행복하길 바란다는 말을 건네주셨다. 또한 언젠가 휴스턴에 방문하게 된다면, 꼭 자기 집에 놀러 오라는 말도 해 주셨다. 잠깐 스쳐가는 인연이라 생각해서 따로 연락할 방법도 묻지 않았지만, 사랑스러운 아주머니의 다정함에 쿠바의 마지막이 더 행복해졌다. 어차피 쿠바의 화폐를 남겨 봤자 쓸 곳이 없기에 다 사용해야 했지만, 아주머니 덕분에 다른 이들 모두 구매하던 기념품을 꾹 참고 있던 나에게는 쿠바의 흔적을 남길 기회가 되었다. 여행이 안겨 준 뜻밖의 행운이자 우연이 가져다준 기쁨이었다. 그분은 작은 호의로 하셨던 행동이었겠지만, 나에게는 여행의 끝까지 따라다녔던 행복한 한 가지의 일화가 되었다.

05

바야돌리드 : 핑크 호수를 찾아 떠났다가 길을 잃었고, 치첸이트사에선 손뼉을 쳐야 한다

쿠바에서 멕시코는 비행기로 한 시간 반 정도의 거리로, 매우 가깝다. 근데 쿠바와 멕시코는 분위기의 차이가 엄청났다. 쿠바에서는 정말 사람의 손이 닿지 않는 것들이 더 많은 느낌이었다면, 멕시코는 확실히 많은 관광객으로 인해 발전된 도시의 모습을 하고 있었다. (쿠바의 경제체제와 멕시코의 경제체제가 완전 다르기 때문에 더 그렇게 느껴졌다.)

그렇다고 해서 멕시코가 매력이 없다는 것은 아니었다. 실제로 나는 이번 여행을 통해 멕시코와 큰 사랑에 빠졌기 때문이다. 칸쿤으로 입국해서 플라야 델 카르멘, 툴룸, 메리다를 지나면서 수많은 마야의 유적들과 다양한 세노떼를 여행했다. 멕시코에서만 한 달을 여행했지만, 모든 이야기를 담을 수 없기에 고른 세 개의 도시의 여행기를 앞으로 적어 보려고 한다.

바야돌리드는 핑크 호수와 플라밍고가 유명한 도시였는데, 나는 특히 핑크 호수에 꽂혀서 여행하기로 했다. 핑크 호수를 찾아 떠나는 과정은 꽤 고생스러웠다. 아침 일찍 일어나 버스를 타고 티지민이라는 도시로 넘어가서 라스 콜로라다스에 가야 핑크 호수가 나오는데, 티지민까지는 무사히 넘어가서 콜로라다까지 가는 버스도 잘 탔다. 근데 중간에 함께 탄 외국 사람들이 대부분 하차하기 시작해서 무슨 정신인지 모르겠지만 나도 따라 내려 버렸고, 거기서부터 헤매기 시작했다.

내가 하차했던 동네의 이름조차 몰랐는데, 아무런 생각없이 버스에서 내려 동네를 걸어 다니는데 미리 알아봤던 핑크 호수의 동네와 너무 다른 풍경에 약간 정신을 놨던 것 같다. 심지어 동네에 사람이 보이지 않아서 거의 울 것 같은 심정으로 사람이 있을 것 같은 강가까지 나갔더니, 외국인들의 대부분이 하차한 이유가 거기에 있었다. 내가 알지도 못하고 내렸던 그 동네가 꽤 이름난 플라밍고 서식지였던 것이었다. 강가에 있는 플라밍고 투어 보트들을 보면서 플라밍고라도 보고 가야 할까 하고 있는데, 어느 한 친절한 멕시코 아저씨가 멍하니 길을 걷고 있는 내가 이상해 보였는지 말을 거셨다. 다행히 영어를 어느 정도 할 줄 아는 분이어서 내가 라스 콜로라다스와 핑크라군을 이야기하니 그곳으로 가는 버스가 더 있다고 말씀해 주셨다. 다시 버스 정류장 쪽으로 가 보라고 제안해 주셔서 버스에서 내렸던 정류장으로 돌아가서 물어보니 두 시간 정도 기다리면 라스 콜로라다스로 가는 버스가 온다고 해서 가만히 앉아 기다렸다.

우여곡절 끝에 라스 콜로라다스로 넘어갔으나, 분명 오전에는 맑았던 날씨가 많이 흐려져서 너무 아쉬웠다. 하지만 버스 정류장에서 걸어서 5분 정도 가면 분홍색의 호수가 곧 보이기 시작하는데, 나도 모르게 발걸음을 재촉하게 되었다. 라스 콜로라다스의 주민들이 핑크 호수를 관리하고 관광객들에게 팀별로 얼마간의 가이드비용을 받고 투어를 해 준다는 정보를 봤었는데, 아슬아슬하게 가이드 시간을 종료하기 전에 입장할 수 있었다. 가이드 해 주는 친구는 간단하게 핑크 호수가 어떻게 분홍색을 띠게 되었는지를 설명해 주면서 플라밍고 역시 처음부터 분홍색이 아니었던 것을 인쇄된 자료를 보여 주면서 설명해 주었다.

현재 라스 콜로라다스에 위치한 핑크 호수에 살고 있는 플랑크톤이 자외선으로부터 자신을 보호하기 위해 몸속에 있는 붉은 색소를 활성화시키고, 그로 인하여 물의 색이 분홍색으로 보이도록 하는데, 플라밍고 역시 태어날 때는 백색의 털을 가지고 있지만 성장하면서 플랑크톤이 있는 물을 마시기 때문에 털색이 변화하는 거라고 했다. 사실 핑크 호수는 그 지역 특산물인 소금이 나오는 염전인데, 가이드 투어를 진행하는 이유도 이전에 여행 왔던 관광객들이 마구잡이로 염전에 들어가 발을 담그거나 수영하거나 해서 지역 주민들이 제한하기 시작했다는 말도 해 주었다. 그래서 과거 정보 글에는 수영하는 사람이 더러 있었다는 말이 있었구나 생각하면서 혼자 온 나를 위해 사진을 찍어 주시겠다고 해 주셔서 너무 감사했다.

때로 이해가 가지 않는 관광지에서 제재가 왜 생겼는지에 대해 공감하게 만드는 시간이었다. 나 역시 내가 보고 느꼈던 관광지의 모습이 그대로 남아 있어, 또다시 돌아왔을 때 내가 느꼈던 감동을 다시 느꼈으면 좋겠다고 생각했기 때문이었다. 그렇게 투어를 마치고 다시 바야돌리드로 가기 위해 티지민으로 가는 버스를 기다리고 있는데 한 자리 남은 택시가 같은 가격에 티지민까지 가겠냐고 제안해 줘서 편하게 돌아갈 수 있었다. 티지민에 도착하자마자 터미널에서 바야돌리드로 돌아가는 버스를 알아보니 바로 탑승이 가능해서 갈 때는 우여곡절이 많았으나 돌아올 때는 어려움 없이 돌아올 수 있었다.

치첸이트사에 가는 날에는 아침 일찍부터 서두를 필요가 없어 너무 좋았다. 이미 툴룸에서 바람의 사원이라는 마야문명 유적지를 만났지만, 이미 전 세계적으로 유명하고 더 큰 규모의 마야 유적지를 본다는 것에 매우 기대가 컸다. ADO라는 버스회사의 버스를 타려고 했는데 치첸이트사까지 가는 버스 말고도 다른 버스 고객들이 너무 많아 시간이 꽤 걸릴 것 같았다. 그래서 그냥 콜렉티보라는 합승해서 이동하는 미니벤 타고 가기로 했다.

치첸이트사의 입장료가 꽤 비쌌지만, 전혀 아깝지 않은 지출이었다. 들어가기 전에 배가 고플 것 같아서 챙겨 온 버거를 먹고 입장했는데, 처음부터 기념품 노점들이 길 양쪽으로 쭉 늘어져 있는 것이 너

치첸이트사 '쿠쿨칸 피라미드'

무 놀라웠다. 내부 지도를 이미 한번 보고 각오는 하고 들어갔는데 너무 큰 규모에 든든하게 먹고 들어오길 잘했다는 생각이 먼저 들었다.

가장 먼저 눈에 들어오는 쿠쿨칸이라는 피라미드는 내 생애에 처음으로 보는 피라미드였는데, 특히 가장 꼭대기에 위치한 네모난 형태의 신전이 눈에 들어왔다. 커다란 규모를 넘어서는 웅장함에 압도되는 느낌이었다. 별도의 가이드나 설명 없이 구경해야 하는 자유 여행자에게 이게 무엇인지 알 수 없는 것들이 많았는데, 가끔 투어로 온 사람들 사이에 끼어들어 가이드의 설명을 주워듣기도 했다. 쿠쿨칸의 앞에서 손뼉을 치면 꼭대기의 네모난 신전이 울리면서 새소리가 났는데 그게 너무 신기해서 근처에 앉아 계속 구경했다.

구경 온 사람들이 꽤 지나가고 나서야 앉아 있던 자리를 털고 일어나 치첸이트샤를 한 바퀴 천천히 나만의 속도로 돌아보는데, 꽤 무너진 마야유적 사이로 아직 버티고 있는 형태의 유적들이 눈에 들어왔다. 아름다운 기둥과 곳곳에 새겨진 그들의 문화를 엿본다는 게, 기분이 이상했다. 마야인의 사회는 신전을 기준으로 마을이 발달하는 구조였다는 정보를 다른 동행에게 들은 적이 있었다.

지금 거의 무너진 유적의 사이에서 누군가에게는 아주 옛날 살았던 도시였을 것을 상상해 보았더니 내가 여행하는 곳이 더욱 매력적으로 느껴지기 시작했다. 생애 첫 피라미드라서 꼭 작은 모형이라도 하나 사고 싶어졌고, 기념품 노점에서 하나를 골라서 결제하려고 보니 내가 가진 큰돈을 거슬러 줄 여유가 없다며 반값으로 깎아 주셨다. 아마 그래도 괜찮았기에 그렇게 주셨겠지만, 작은 돌을 서툴게 깎아 만들어진 피라미드 모형을 손에 얹고 나에게 정 넘치는 누군가의 상냥함이 꽤 오래 기억에 남겠다고 생각했다.

06

산크리스토발 : 멕시코식 크리스마스 그리고 치플론 폭포에서 삼겹살 파티

바야돌리드를 떠나 세 도시를 지났다. 캄페체라는 도시에서 산크리스토발 데 라스까사스라는 도시로 넘어가기 위해서는 원래 직행버스가 있었다는 것을 알고 있었으나, 연말이라는 특수 상황을 미처 예상하지 못했고, 미리 예약하지 못했던 나는 겨우 중간에 환승을 통해 산크리스토발로 넘어갈 수 있었다. 캄페체에서 팔렝케, 팔렝케에서 산크리스토발까지 거의 하루 이상 걸려 이동했다.

이미 도시에 도착할 때부터 많이 지쳐 있는 상태였지만, 산크리스토발을 거쳐 간 수많은 사람이 가장 그리워하던 도시였기에 기대하는 마음도 컸다. 보통 숙소를 호스텔로 잡아 여러 사람과 공유하여 지냈었으나, 멕시코에서 가장 물가가 저렴한 도시기에 큰마음 먹고 숙박 앱을 통해 저렴한 방 하나를 빌렸다. 이른 아침이라 체크인이 불가능할지도 모른다는 마음으로 숙소까지 갔더니, 다행히 친절한 사장님이 방이 이미 준비되어 있다면서 편하게 사용하라고 해 주셨다.

서둘러 방에 짐을 내려 두고 말끔하게 씻은 다음 아기자기한 도시를 둘러보러 길을 나섰다. 멕시코에서 꽤 높은 해발고도에 위치한 도시여서 날씨가 서늘하게 느껴졌지만, 여태껏 여행했던 도시들에서 더위와 싸웠기에 오히려 좋았다. 산크리스토발의 가장 유명한 관광지는 어마어마한 규모의 수공예시장이었는데, 숙소에서 걸어서 갈만한 위치에 있어 한번 구경 갔다. 좁은 골목 따라서 커다랗게 수공예시장이 있었는데, 반짝이는 사람들의 눈에는 자신들이 만든 물건에 대한 자부심이 보였다. 산크리스토발에서 5일 정도 머무를 예정이었기에 쇼핑은 하지 않고 근처에 카페를 찾다가 반가운 스타벅스가 있다는 정보에 바로 방문했더니, 여행 커뮤니티를 통해 알게 된 오빠와 우연히 만났다. 서로 위치는 모르고 해외에 있다는 것은 알고 있었는데 이렇게 우연히 만나게 되니 너무 신기하고 재밌었다. 한동안 수다를 떨다가 서로의 일정에 따라 즐거운 여행 하라고 하면서 헤어졌다. 당일은 크리스마스이브였는데, 저녁이 되니 몇 명 되지 않는 한국인 여행자들과 무리 지어 술집에서 맥주 한잔씩 하면서 어색함을 털고 연말을 함께 즐겁게 보냈다. 크리스마스에 뭐 하냐는 질문에 딱히 계획이 없다고 하자, 산크리스토발에 위치한 한인 게스트하우스인 호베네스에 머무르던 여행자들이 호베네스에서 크리스마스 파티를 하는데 사장님에게 물어보고 함께 하자는 제안을 해 주었다. 거절할 이유가 전혀 없었기에 가능하다면 꼭 함께하고 싶다고 했다.

크리스마스 당일 날 호베네스 사장님이 파티에 함께해도 된다는 연락을 받았다. 크리스마스 파티는 멕시코에서 가족과 친구들끼리 모여 하는 선물 교환식도 함께 진행된다며 두 개의 선물을 준비해야 한다고 했는데, 하나는 누구나 가지고 싶을 것으로, 또 다른 하나는 받아도 기분 나쁘지 않을 장난스러운 것으로 준비해야 했다. 어제 만났던 여행자 중 한 분과 함께 선물을 준비할 겸 근처에 있는 대형마트 구경을 다녀왔는데, 동네 사람들이 다 모여 있는 것처럼 사람이 많아서 너무 신기했다. 저녁에 마실 맥주와 선물 포장할 포장지를 구매하고 다시 시내로 돌아와 수공예시장에서 다양한 선물도 구매했다. 기왕 구매하는 김에 한국에 가지고 갈 것도 함께 구매하니 조금 더 저렴하게 살 수 있어서 좋았다. 기념품을 가지고 숙소로 돌아와 저녁에 있을 파티에 들고 갈 선물도 포장하고, 파티니까 복장도 조금 더 깔끔하게 입고서 호베네스로 이동했다. 전날 함께 술 마셨던 여행자들도 대부분 참석하고 있었기에 어색함은 크게 없었지만, 기꺼이 숙소에서 숙박하지 않는 외부인까지 수용해 주신 사장님

산크리스토발 시장

두 분께 감사하다는 인사를 전했다.

이날을 위해 준비해 두신 음식과 술을 나누며 시간을 보내다 보니 모이기로 한 인원이 다 모여서 선물 교환식을 시작했다. 규칙은 간단한데, 주사위의 6개 숫자 중 하나를 골라 한 사람씩 주사위를 굴려 정한 숫자가 나오면 선물 하나를 골라서 가지고 갈 수 있었다. 고른 선물은 무조건 그 자리에서 바로 열어 봐야 하는데, 장난스러운 선물이 나와도 기분 나쁘지 않고 다 함께 웃으면서 놀리거나 좋은 선물이 나오면 부러워하면서 나도 그런 선물이 나오기를 바라면서 즐거운 시간을 보낼 수 있었다. 나는 운이 꽤 좋아서 주사위의 번호가 자주 나왔고, 다양한 선물 중에 몇 가지를 가지고 갈 수 있었다. 쓸데없는 것들도 있었지만 꽤 괜찮은 선물 중에서 굳이 나에게 필요 없는 물건은 나누고 귀여운 노트와 손전등 장난감을 챙겼다. 선물 교환식이 끝나고 나서부터 진짜 파티의 시작이었는데, 당일 함께한 여행자 모두가 좋은 사람들이어서 기억에 오래 남을 멕시코에서의 크리스마스를 보낼 수 있었다.

크리스마스의 여운이 채 가기도 전에 호베네스에서 여행자들과 함께 차를 하나 빌려 치플론이라는 폭포로 놀러 가기로 했다는 소식을 듣고 나도 함께하기로 했다. (생각보다 인원이 많아져서 사장님이 걱정하시긴 했다.) 원래 투어로도 많이 여행 가는 치플론 폭포여서 일정이 되면 꼭 가야지 하고 있었는데 잘된 일이었다. 빌린 차가 트럭이어서 함께 가기로 한 몇 명은 짐칸에 타야 했는데, 가위바위보로 정했다가 그게 내가 되어 버렸다. 혼자만 타는 것은 아니고 네 명이 짐칸에 타고 이동하는데 이동하는 내내 웃겨서 외롭지 않았다.

2시간 반 정도 걸려서 도착한 치플론 폭포는 물색이 탁한 에메랄드빛이어서 너무 신기했다. 다들 점심을 못 먹고 이동했던지라 서둘러 불을 피워 바비큐도 하고, 라면도 끓여서 배부르게 먹었다. 전혀 생각해 보지도 못한 타지에서 바비큐 파티는 혼자가 아니어서 더 행복했던 시간이었다. 배부른 상태에서 꼭 치플론 폭포의 상류까지 올라가

치플론 폭포

보라는 호베네스 사장님의 강력한 추천에 계단을 올라가기 시작했는데, 중간쯤 왔을 때 너무 힘들고 지쳐서 나와 다른 사람 두 명은 포기하고서 중류에 있다는 폭포를 보러 갔다.

만나게 된 작은 폭포는 마치 신비한 요정의 숲 같은 풍경이었는데, 폭포가 떨어지면서 튄 물방울이 햇빛을 만나 무지개로 탄생하는 순간을 볼 수 있었다. 상류까지 올라간 사람들의 사진을 보면서 조금 더 힘내서 올라가 볼 걸 하는 아쉬움이 있긴 했지만, 그래도 중간 폭포에서 만난 무지개 덕분에 또 그렇게 후회스럽진 않았다.

함께 여행 간 사람들과 단체 사진도 찍고, 물에 발도 담구면서 시간을 보내다가 해가 질 때쯤 다시 시내로 출발했는데, 돌아오는 길에는 짐칸에 앉았던 사람들이 앞으로 바꿔타기로 해서 따듯하게 돌아왔다. 돌아가는 길 중간에 갑자기 차가 멈춰서 '뭐지?' 했는데 창밖을 보라고 해서 고개를 내밀었더니 하늘 가득 쏟아질 것 같이 빛을 내는 별무리가 있었다. 어디서도 보기 힘든 풍경에 모두가 입 벌리고 하늘만 쳐다볼 무렵, 문득 나의 마음에도 오늘 만났던 무지개처럼 하나의 예쁜 무지개가 생겨 있었다. 길 위에서 만난 사람들과 마음이 맞아 함께 여행하는 것이 정말 쉽지 않다는 것을 몇 번의 동행으로 느끼던 중이었다. 그렇기에 좋은 사람들과 하루를 가득 보냈다는 것이 더할 나위 없는 완벽한 여행의 하루였다.

07

멕시코시티 : 똘란똥꼬 자연온천과 테오티우아칸 피라미드

연말연시를 와하까에서 함께 보낸 동행과 멕시코시티로 이동했다. 와하까에서 머무르던 숙소의 사장님이 너무 친절하셔서 우리가 야간 버스를 타고 넘어간다는 사실을 아시곤 버스를 타기 전까지 쉬다가 나가도 된다고 해 주셨다. 짐을 들고 다닐 필요 없이 쉴 곳이 있다는 것이 우리에게 정말 큰 행운이었다. 덕분에 버스를 타러 이동하기 전까지 쉴 수 있었고 사장님께 후기를 꼭 좋게 남겨 주겠노라 약속하면서 숙소를 나섰다. (영업을 시작하신 지 얼마 되지 않는 숙소라서 후기를 꼭 남겨 달라고 요청하셨기 때문이었다.)

버스로 7시간 정도 이동해서 이른 아침에 도착한 멕시코시티의 터미널은 너무 어둡고 낯설어서 얼른 택시를 타고 예약해 둔 숙소로 이동했다. 도착한 시간이 새벽 6시를 조금 넘긴 시간이라 체크인을 못 해 준다고 하면 숙소의 리빙룸에 누워서 쉴 생각이었으나, 다행히도 친절한 스텝이 이른 체크인을 해 줘서 방에 들어가 쉴 수 있었다. 멕시코시티를 온 이유는 크게 두 가지가 있었는데, 가장 먼저 테오티우아칸이라는 마야문명 역사상 가장 커다란 피라미드를 보는 것이었고, 또 하나는 똘란똥꼬라는 다소 발음하기 민망한 자연온천에 가는 것이었다.

똘란똥꼬는 멕시코시티에서 차로 3시간 반을 가야 나오는데, 보통 택시를 잡고 가는 것도 어렵고 비용도 비싸서 가고 싶은 사람을 모아 꽉 채워 동행을 구하는 게 가장 좋은 방법이었다. 동행하던 언니와 나는 두 사람을 더 구해서 가기로 했는데, 운이 좋게도 구한 동행 한 명이 같은 호스텔에 머물고 있어 만나서 이동하기가 훨씬 수월했다. 새벽 5시에 일어나 준비하고 서둘러 다른 동행 한 명과 만나서 택시 앱으로 차를 불렀는데, 기사님과 서로 통하지 않는 말로 겨우 협상하여 왕복으로 다녀오기로 했다. 새벽에 일어났던지라 너무 피곤해서 가는 내내 잤는데 도착해서 계곡의 물색을 보자마자 잠이 확 깨기 시작했다. (흔히 생각하는 계곡의 투명한 물색이 아니라 유황이 섞인 듯한 에메랄드의 탁한 물색이었다.)

보통 온천에 입장해서 위에서 아래로 내려가는 코스인데 택시 기사님도 처음 가 보셔서 맨 아래에 우리를 내려 줘서 셔틀버스가 있긴 했지만 중간중간 원하는 지점까지 걸어가는데 트래킹하러 온 기분이 들었다. 하지만 곳곳에 있는 지점들이 정말 너무 멋지고, 힘들어질 때쯤 따듯한 물속으로 들어가서 수영도 하고, 커다란 동굴인데 내부가 습식사우나처럼 뜨끈뜨끈한 공기가 감싸는 곳도 있었다. 동굴의 입구에는 폭포가 있는데, 벽에서 자란 이끼들 때문인지 마치 얇은 실로 만든 커튼처럼 폭포가 쏟아져서 말로 표현하기 어려울 정도의 신비한 풍경까지 구경할 수 있었다. 폭포에서 모인 물은 계곡을 따라 흐르는데, 색이 치플론 폭포에서 봤던 진한 에메랄드색으로 마치 누군가가 마법을 부려 둔 것 같은 기분이 들 정도로 신기하고 아름다웠다.

똘란똥꼬 온천의 규모가 어마어마해서 보통은 다들 1박 정도 잡고 오는 곳인데, 당일치기인 나와 동행들은 유명한 곳들로 한번 돌아본 뒤 맨 마지막에는 결국 지쳐서 계곡 하류에 잔잔하게 흐르는 계곡의 온천에 들어가 함께 대화를 나누었다. 따듯한 물속에 다 함께 둘러앉아 나누는 대화에 우리가 만난 지 얼마나 되었는가는 중요하지 않았다. 그저 우리는 지금 당장 함께 여행하는 여행자였고, 순수하게 서로를 새롭게 알아 가고 있다는 것이 좋았을 뿐이었다.

온천에서 돌아온 다음 날 일정이 맞는 동행 둘과 함께 테오티우아칸에 다녀오기로 했다. 멕시코시티 중심부에서 시내버스를 타고 북터미널로 이동해야 테오티우아칸에 가는 버스를 탈 수 있었는데, 소매치기와 강도로 유명한 도시인 멕시코시티에서 시내버스를 탄다는 게 너무나 떨렸다. 혹여나 만나게 될 소매치기를 대비해 돈도 얼마 안 들고 나왔는데, 놀랍게도 버스의 아무도 우리에게 관심조차 없었다. 무사히 북 터미널에 도착하여 테오티우아칸으로 넘어가는 티켓을 구매했는데, 터미널에서 1시간 남짓 걸리는 거리에 자리 잡고 있었다.

테오티우아칸에 입장하자마자 바로 태양의 피라미드를 오르기 시작했는데 도착할 무렵이 막 기온이 오를 시간이어서 계단을 오르는 것이 힘들긴 했지만 덥진 않았다. 피라미드의 최상층까지 올라가니 주변에 있는 테오티우아칸의 전체적인 풍경이 눈에 들어왔는데, 상상보다 커다란 땅에 위치한 마야문명의 거대함에 압도되는 기분이었다. 최상층에서 사람들이 옹기종기 모여 손을 하늘에 뻗고서 기운을 받는 듯 자세를 취하고 있었는데, 함께 올라간 동행들과 우리도 새해의 좋은 기운을 받아 보자 하면서 손을 뻗고 태양의 기운을 받았다. 앞으로 남은 내 여행이 무사하고 행복하길 그곳에서 기도해 보았다.

테오티우아칸 '달의 피라미드'

태양의 피라미드를 내려와서 죽은 자의 거리라고 불리는 길을 통해 달의 피라미드까지 갈 수 있었는데, 낮이 되면서 날씨가 무척 더워져서 도저히 오를 자신이 없었다. 오르면 태양의 피라미드를 배경으로 사진을 찍을 수 있다는 정보를 알고 있었지만, 하루는 아직 길어서 체력을 아끼기로 했다. 달의 피라미드 옆쪽으로 돌아서 나오는데, 드넓은 테오티우아칸의 모습에서 압도된 기분이 들었다.

다시 시내로 돌아가기 위해 버스를 기다리다가 한국에서 오신 어르신들과 간단한 대화를 나누게 되었는데, 길게 여행을 나왔다는 말에 초롱초롱해진 눈으로 대단하다고 말해 주셨다. 내가 가진 젊음을 아낌없이 잘 사용하길 바라는 마음으로 열심히 좋은 말을 해 주시려는 상냥한 어르신들 덕분에 몇 달 떠나지 않았지만, 나의 여행 안에서 만난 상냥한 사람들이 생각났다. 내가 만난 사람들은 나를 응원하고, 멋지다고 말해 준 사람들이 대부분이었다. 그런 사람들 덕분에, 나 역시 상대방에게 상냥한 말 한마디 던질 수 있는 사람이 되었다. 항상 생각하지만 모든 상냥함은 누군가가 먼저 쥐여 준 마음을 잘 간직하다가 또 나눌 수 있는 것에서 나오는 것 같다. 나는 앞으로도 나에게 아무런 대가를 바라지 않는 상냥함을 주었던 사람들처럼, 나 역시 그렇게 상냥함을 나눌 수 있기를 바랐다.

08

쿠스코 : 무지개 산을 오르고, 작은 도시 피삭을 거닐던

멕시코를 떠나 페루로 넘어올 시점은, 내가 한국을 떠난 지 100일이 되었을 무렵이었다. 리마에서 비행기를 타고 쿠스코로 넘어오자마자 가장 먼저 내가 해야 했던 것은 볼리비아 입국비자를 받는 것이었다. 마침 볼리비아 대사관의 점심시간이 끝날 시간이어서 비자 발급 시간이 1시간이고 2시간이고 걸릴 수 있다는 악명과 달리 10분 만에 발급받는 행운을 쥘 수 있었다. 중요한 것은 서류를 매우 꼼꼼히 챙기는 것이었는데, 비자를 발급해 주시는 직원이 서류를 잘 준비해 왔다고 칭찬해 줄 정도였다. 무사히 비자를 발급받고 아르마스 광장으로 이동하는 동안 긴장이 슬슬 풀리면서 고산지대에 왔다는 체감이 들기 시작했는데, 택시에서 내려 숙소로 이동하는 5분 정도의 걷기도 숨이 차오를 만큼 힘든 것을 보면서 이게 고산증인가 라는 생각이 들었다.

쿠스코에 오자마자 계획했던 것은 비니쿤카라는 무지개산으로 유명한 트래킹 코스를 다녀오는 것이었다. 비니쿤카는 쿠스코 시내에서 꽤 멀리 나가야 하는 거리에 자리 잡고 있어서 예약해 둔 투어 회사에서 새벽 5시부터 모여서 이동해야 한다고 안내받았다. 새벽 5시에 열 명 정도의 여행자가 모여 작은 버스를 타고 이동했는데, 도착할 때쯤 갑자기 가이드가 티켓값을 내야 한다고 말해서 너무 당황스러웠다. 왜냐면 처음 예약할 때 전부 포함된 가격으로 투어 가격을 지불했기 때문이었는데, 아무리 설명해도 말을 듣지 않아 일단 투어 회사에 확인해 보라고 했다.

비니쿤카는 주차장에서부터 정상까지 2시간 정도 올라가야 하는 코스였는데, 고산증으로 힘들어 하는 사람들을 위해 입구에서 말 타고 올라가는 선택지도 있었다. 가격이 비싸서 힘들어도 걸어서 올라가자 생각했는데 해발 5,200M의 높이를 올라가는 것은 시작부터 매우 버거운 일이었다. 몇 발짝 걷기도 전에 온몸이 무겁고 숨이 차오는데 초반이라서 체력이 버텨 주었기에 중반까지는 어떻게든 걸어갔다. 힘겨워하는 나를 보면서 가이드가 말을 타고 가라고 추천해 주었지만, 가격도 가격이고 중반까지 걸어온 내 수고가 헛것이 되는 느낌이라 고집부려 말을 타지 않았다. (사실 말을 타고 싶었지만 가지고 있던 현금을 함께 한 동행에게 빌려준 상태여서 말을 탈 수 있는 금액이 되지 않았기도 했다.)

함께 투어를 떠난 모든 사람이 먼저 올라가고 나만 남았을 때 결국 너무 늦어질 것 같아 뒤늦게 말을 타고 올라갔지만, 마지막 제일 힘겨운 계단 코스는 말이 올라가지 못해서 결국 또 걸어서 올라가야 했다. 계단의 양옆에 쳐둔 줄을 잡고 올라가는데 내려가는 사람들이 내가 아주 안쓰러웠는지 코카나무 잎(생 코카나무 잎을 씹으면 고산 증세가 덜해진다.)이나 물을 건네주면서 거의 다 왔다고 응원해 주었다. 겨우 정상에 올랐더니 처음 도착했을 때의 맑은 날씨는 이미 지나고 우박과 비가 내리고 안개가 짙게 깔려 있었다. 그러나 산의 대부분을 내 힘으로 꼭대기까지 올라왔다는 뿌듯한 마음이 더 컸다. 뒤따라온 가이드도 잘 해냈다며 결국 너의 힘으로 다 올라온 것이나 마찬가지라고 말했다. 심장이 터질 것 같았고 숨이 차서 금방이라고 고꾸라질 것 같은 몸이었지만, 언제 다시 올지 모르는 비니쿤카를 내 힘으로 올랐다는 것이 그냥 기뻤다. 잠시 걷힌 안개에 얼핏 보이는 무지개산의 모습에서 맑은 날씨에 보면 아름다울 것 같다는 생각이 들었지만, 그것보다 더 큰 알 수 없는 어떤 감정이 이미 내 마음 가득하게 채우고 있었다.

비니쿤카를 다녀오고 몸에 무리가 많이 갔는지 몸살 기운이 있었다. 아플 때는 한식을 먹어 줘야 힘이 나기 때문에 사장님이 친절했던 한식당에서 한식을 든든히 먹고, 여행에 대한 이야기를 나누며 응원하고 응원받는 시간을 가진 다음 숙소로 일찍 돌아와 잠을 깊게 잤다. 하루를 그렇게 깊게 휴식을 취했더니 다음 날은 언제 그랬냐는 듯 쌩쌩해져서 어디를 여행하러 갈까 고민하다가 콜렉티보를 타고 갈 수 있는 근교에 위치하는 도시 중에 피삭이라는 곳에 방문하기로 했다.

원래 성스러운 계곡 투어에도 포함되어 있는 도시로, 잉카문명이 자연스럽게 녹아 있는 마을이라고 들었기에 궁금하기도 했고 콜렉티보로 30분 정도의 거리에 있었기에 간단하게 놀러 가기에 딱 좋았다. 하지만 30분의 길이 엄청난 커브를 지나가야 하는 길이었는지는 몰랐다. 현지 사람들 사이에 앉아서 이동하는 중에 아이 하나가 멀미를 심하게 할 정도였다. (아이가 토하기 시작해서 나도 덩달아 속이 메슥거려서 내릴 때까지 아무 생각 안 하려고 엄청 노력했다.)

작은 버스에서 토하지 않고 무사히 피삭에 도착해서 입구에서부터 천천히 걸어 들어가니 아기자기하고 평화로운 마을의 모습에 마음이 편안해졌다. 마침 방문한 날이 일요일이라서 마을 내에서 커다랗게 장이 열리는 날이었는데, 채소와 과일, 고기와 기념품 등 다양한 물건들을 구경할 수 있어서 행운이었다. 마을 사람들이 다 나온 것처럼 북적거리는 장터를 지나 지도를 보지 않고 골목을 돌아다녔다. 잉카유적이 있는 언덕도 올라가 봤지만, 곧 마추픽추를 보러 갈 계획이었기에 굳이 들어가 보진 않았다. 언덕 위에서 바라보는 피삭의 풍경이 유난히 평화로웠다. 남미로 넘어온 이후에 긴장의 연속이었고, 고산증세까지 겹쳐 몸과 마음이 많이 지쳐 있는 상태였기에 나에게 이런 여유가 필요했었다. 산에 둘러싸인 작은 마을은 사람의 온기로 가득했고, 지나가는 이들에게 활짝 웃어 줄 만큼의 여유가 있어 보였다. 지쳐 있는 사람에게 온기를 나누는 것만큼 좋은 것이 없다는 것을 여기서 배웠다.

마을을 구경하다가 다리가 아파 가운데 작은 식물원이 있는 카페에 자리를 잡았다. 햇볕은 따듯했고 풍경은 평화로워 마음이 바쁘지 않았다. 다음 여행지를 정하지 못했고, 어디를 가야 할지 어디가 가고 싶은지도 알지 못하는 상태였지만 지금 내가 아는 사람 하나 없는 페루에서 여행하고 있다는 것은 확실하게 알고 있었다. 나른한 오후를 피삭에서 보내기로 한 것은 매우 잘한 일이었다. 나에게 필요한 휴식과 여유를 선물 받은 기분이었고, 그 덕분에 다음을 기대할 마음을 얻었다. 나는 지금 장기 여행을 하는 방법을 배워 가고 있다.

피삭의 주말시장

09

마추픽추 : 성스러운 계곡과 산 위에서 만난 잉카의 고대도시

쿠스코에서의 여행을 마치고, 기대하고 기다렸던 성스러운 계곡과 마추픽추 투어를 떠나는 날이 다가왔다. 분명 일주일 정도 일정을 여유롭게 쿠스코에서 보낼 수 있을 것으로 생각했는데, 꼭 약속한 시간이 이럴 때만 빠르게 지나간다. 혼자서 마추픽추까지 가면 너무 슬플 것 같다는 생각이 들어 쿠스코에 머무는 한국 사람들과 팀을 이뤄 동행하기로 했다. 1박 2일의 일정을 보내야 했는데, 모두 다 배려가 넘치는 사람들이어서 나의 처음을 이 사람들과 맞이하게 된 것이 너무 다행이었다.

새벽같이 아르마스 광장에서 모인 우리는 가장 먼저 친체로라는 도시로 떠났다. 비는 내리지 않았지만, 날씨가 흐려 첫 잉카 도시의 풍경이 한눈에 들어오지는 않았다. 간단하게 둘러보고서 투어 회사에서 으레 그렇듯 현지에서 운영하는 쇼핑센터에 들렀는데, 패키지여행을 하면 들리는 깨끗하고 쾌적한 쇼핑센터 느낌이 아니라 정말 현지의 작은 집에서 만든 수공예품을 파는 곳이라서 오히려 좋았다. 그 집에서 직접 키우는 알파카와 라마를 만날 수 있었는데, 함께 간 동행들끼리 알파카와 기념사진을 찍기로 해서 차례대로 찍었는데 많은 사람이 몰려 기분이 좋지 않은지 내 옷을 물어 버려서 내게 침 뱉는 것을 보고 싶지 않아 얼른 도망쳐 나왔다.

모라이와 살리네라스 염전까지 둘러보니 부슬비가 내리기 시작했다. 가족 사업으로 만들어진 염전은 남미에서 몇 없는 거대한 염전이 되었다. 염전의 우기 시즌은 휴식기라고 했다. 우기에는 비가 자주 오기 때문에 소금을 만들어도 품질이 좋지 않기 때문이었다. 비가 오면서 초콜릿색으로 변한 조각조각 나누어진 염전의 모습이 내가 알던 하얀 염전과 다른 모습이어서 그랬는지 혹은 다시는 돌아갈 수 없는 그 시간을 여행했던 거여서 그랬는지 모르겠지만 유난히 기억에 오래 남아 있겠다고 문득 생각이 들었다.

살리네라스 염전을 떠나 오얀따이땀보에서 잉카 레일을 타고 마추픽추의 문턱인 아구아스 깔리엔떼로 넘어가는 일정이었는데, 우리의 기차가 2시간을 기다려도 오지 않아 알아보니 오전에 큰비가 내려 산사태가 일어났고, 레일을 덮어 큰 지연이 생긴 것이었다. 혹시라도 기차를 타고 못 올라가는 게 아닐까 하면서 동행들과 걱정하던 중 다행히 기차가 도착했다. 아구아스 깔리엔떼에 도착하니 해는 이미 저물었기에 서둘러 밥을 먹고 들어와 일찍 쉬었다. 마추픽추에 간다는 감

흥이 크게 들지 않았는데, 가는 길에 이렇게 일화가 생기니 갑자기 마추픽추가 너무나 기대되기 시작했다.

새벽의 동이 틀 때쯤, 아구아스 깔리엔떼는 가장 시끌벅적한 동네로 변한다. 일찍부터 문을 연 식당들과 기념품 가게가 사람들을 기다리고, 마추픽추로 올라가는 버스의 줄이 정류장에서부터 언덕 위에까지 빼곡해진다. 이렇게 많은 사람을 감당할 버스가 있을까 하는 생각이 들 때쯤 버스 수십 대가 길을 가득 채우기 시작했다. 이 글을 읽는 당신이 무엇을 상상하던, 마추픽추는 그 이상을 경험하게 해 줄 것이다. 사실 나에게는 마추픽추가 이미 너무나 유명했고, 나보다 이미 다녀간 많은 사람이 훌륭한 사진과 영상을 만들어 두었기에 그 안의 풍경을 사실 평생에 걸쳐 꼭 직접 보고 싶은 풍경이었다고 말하지 못했다. 버스를 타고 오르는 길에 이슬비가 내리고 하늘은 구름으로 가득했기 때문에 혹시라도 못 본다면 너무 실망은 하지 말자고 기대를 애써 잠재우려고 노력했다. (어쩌면 그렇게라도 해야 슬프지 않을 것 같다는 생각을 했던 것 같다.) 가득한 구름에 불안감을 가지고 입장해서 마추픽추의 전경을 보러 가는 계단을 올라 가장 먼저 보이는 모습이 구름에 감싸여 솟아 있는 와이나픽추의 모습이었다. 예상했던 대로 마추픽추의 모습이 보이지 않았다. 열심히 설명하는 가이드의 뒤에서 어쩌면 완전한 모습을 보지 못하고 돌아가야 할지도 모르겠다고 생각할 무렵 바람이 불었다.

구름이 걷어진 마추픽추

어디선가 부는 바람이 구름을 걷어 내고 햇빛을 비추는 순간, 마추픽추에도 햇빛이 쏟아졌다. 누군가가 말했던 눈물이 나고 할 정도의 감동이 처음부터 내게 밀려온 것은 아니었다. 가이드가 원한다면 설명을 듣지 않고 천천히 나와도 된다고 말했고, 나와 동행들은 가이드의 설명을 포기하고 우리끼리 지금 이 순간을 마음껏 누리기로 했다. 우리는 마추픽추를 외치며 뛰다가 경비하시는 분께 주의를 듣기도 했고, 두 명이 사 온 무지개색 판초를 돌아가며 입고 인증사진을 찍기도 했다. 그렇게 한참 동안 마추픽추를 순수하게 보고 느끼고 즐기다가, 마추픽추가 잘 보인다는 지점의 바위 밑에 옹기종기 앉아 그 풍경을 눈에 담았다. 바위 아래에 함께 모여 서로가 어떻게 살아왔는지 자연스럽게 이야기를 나누게 되었는데, 중학교에서 교사를 하고 있는 언니가 내가 여태껏 열심히 많은 것들을 견뎌 내며 살아왔다는 것을 들으며 언젠가 내 이야기를 책으로 접할 수 있었으면 좋겠다고 말을 했다. 그 말이 시발점이 되어 지금 내가 에세이를 적고 있는 순간을 만나게 되었다. 언니는 나의 경험을 더 많은 사람들이 봤으면 좋겠다고 했고, 나는 내 이야기가 누군가에게 작은 위로나 도전이 되길 바란다.

그렇게 웃고 떠들던 대화가 잦아지고, 각자의 눈에 각자의 감정으로 담기는 마추픽추가 궁금했지만 나는 애써 나누려고 하지 않았다. 지금 이 순간이 서로에게 얼마나 소중할지 어느 누구도 그 순간 그곳에 없었다면 이해하지 못할 감정이었다. 내가 느낀 마추픽추는 단순하게는 산 위에 있는 거대도시, 이미 너무나 유명한 유적지였었고 이제는 삶에서 몇 안 되는 소름 돋던 순간이었고 함께 했던 사람들과 순수하게 맞이했던 완전한 고대도시의 풍경을 기뻐하며 즐겼던 곳이었다. 누군가가 3대가 덕을 쌓아야 마주칠 수 있다고 말하던 그 도시, 마추픽추에서 나는 새로운 꿈을 얻었다. 모든 여행은 결국 끝이라는 순간을 맞이해야 하는데, 언젠가 올 그 끝이 무섭지 않게 된 것은 이 순간이 있었기 때문이었다. 마음속의 또 다른 마추픽추를 만난 나는 누구보다 이 안에서 자유로운 사람이었다.

10

아타카마 : 세상에서 가장 건조한 사막에서 만난 개기월식과 은하수

우유니에서 아타카마까지 넘어가는 길은 꽤 멀었다. 새벽에 출발하는 버스를 타고 10시간을 이동해야 하는데, 일찍 예약을 해서 좋은 자리를 차지할 수 있었다. 아타카마로 이동하는 길도 원래 우유니와 아타카마 코스로 2박 정도 하는 투어가 있다고 들었지만, 일정도 맞지 않고 파타고니아에서의 일정을 미리 정해 둔 상황이어서 지체할 수 없이 넘어가야 했다. 그래서 창밖의 풍경을 눈으로만 즐기면서 이동했는데, 마치 달에 온 것처럼 황량하지만 가끔 보이는 동물이나 나무의 모습에 감동을 받기도 했다. 볼리비아에서 칠레로 국경을 넘어가야 했는데, 내려서 출입국 수속을 밟는 동안 한국에서 친구들끼리 여행 오신 아주머니들을 만났다. 간단한 대화를 나누다가 선생님들이시고, 모임에서 다 함께 여행 왔다면서 여자 혼자 여행 하냐면서 이모처럼 걱정도 해 주시고 멋지다는 말도 건네주셨다. 신기하게 다니는 곳곳에서 우연히 만나는 한국 사람들이 있었는데, 그들에게 얻는 응원이 여행하는 내내 나에게 큰 힘이 되어 주었다.

국경을 무사히 통과하고 칼라마를 지나 드디어 아타카마에서 내렸는데, 우기에도 불구하고 무척 더운 날씨에 일단 매우 당황스러웠다. 서둘러 숙소에 가서 짐을 두고 쉬어야겠다고 생각하면서 체크인하고 아타카마 구경에 나섰다. 밤에는 남미사랑(네이버에서 남미여행 정보카페로 유명하다.) 단체방에서 알게 된 사람들과 개기월식을 구경하러 가기로 해서 아타카마 시내 구경은 잠깐 하고 다시 숙소로 들어와 한숨 자고 일어났다. 개기월식 시간과 맞춰 자정에 데리러 와 주신 동행을 만났다. 이번에 만난 동행은 출장으로 인해 아타카마에서 장기로 거주하고 계시던 분이었는데, 가끔 여행자들과 함께 나가서 밥도 먹고 별도 본다고 해 주셨다. 가장 유명한 십자가 언덕으로 먼저 별이 잘 보일까 하여 가 봤는데 너무 유명해져서 사람이 많이 모이기에 동행이 자신만 아는 별 보는 장소가 있으니, 거기로 가자고 하셨다. 그 전에 자정을 조금 넘겨 도착하는 친구들을 데리러 갔는데, 대학생 두 친구가 합류했다.

드디어 함께 별 보기로 한 사람들이 모여 이동하는 동안 개기월식이 시작하길래 얼른 넘어가서 자리를 잡았다. 차 시동을 끄고 보니 보이는 건물의 불빛도 하나 없었다. 달이 점점 빛을 잃으면서 별빛이 살아나기 시작했는데, 주변에 몇 그루의 나무와 드문드문 길을 지나가는 차 몇 대의 불빛 외에 아무도 우리에게 관심이 없었다. 동행이 우리를 위해 준비했다면서 트렁크에서 꺼내 주신 맥주에 환호하며 선명해지는 은하수에 목이 꺾이도록 하늘을 보았다. 나중에 합류한 동행 중에 별 사진을 찍을 수 있는 카메라를 들고 있어서 우유니에서 찍지 못했던 별 사진을 찍어 보기로 했다. (내가 우유니에서 야간 투어를 나갈 때마다 비가 오거나 흐려서 쏟아지는 별을 못 보고 떠나야 했었다.) 오늘은 운이 좋았는지 구름 한 점 없는 맑은 밤하늘이었기에, 눈을 사방 어느 곳에 둬도 별이 한가득히 보였다. 마침 멕시코에서 보냈던 크리스마스 때 선물 받았던 손전등이 있어 하늘을 비추는 사진도 찍었는데 쏟아지는 별과 함께 나오는 사진에 모두 다 흥분 상태가 되었다. 은하수 사진도 찍고, 점점 밝아지는 달에 쫓겨 서둘러 스마트폰의 불빛으로 글씨를 만들어 찍는 잔상 사진도 찍었다. 그리고 짠 듯이 바닥에 앉거나 누웠다. 모습을 잠시 숨겼던 달이 밝아 오고, 아름다웠던 은하수는 옅어졌지만 그래도 광활한 지평선의 중앙에서 별을 보는 것은 말로 표현할 수 없는 순간이었다. 마치 커다란 세상이란 돔에 들어온 기분이었다. 손에 쥐어진 맥주 하나가 낭만이란 이런 것이라고 알려 주는 것 같았다.

아타카마에서 본 은하수

한 동행의 카메라 덕분에 그저 눈으로만 담을 뻔했던 밤하늘을 사진으로 남길 수 있어서 다행이었다. 우리가 무슨 인연으로 만나게 되었는지는 모르지만, 남미에선 남미가 이어 준 이유 모를 인연들이 꽤 많았다. 아타카마에서 별 사냥했던 모임이 딱 그러했는데, 세계 일주를 하는 나와 현지 출장으로 거주하던 동행, 그리고 도착하자마자 납치당하듯 픽업해서 온 두 친구까지 우리는 그 밤의 별을, 셀 수도 없이 쏟아지던 그 별을 달이 다시 빛을 찾기 전까지 계속해서 봤다. 다시 만날 수 있을 거라는 생각조차 들지 않는 수많은 우연이 겹쳐 운명이 된 밤이었다.

아타카마의 개기월식

11

토레스 델 파이네 : 인생에서 가장 힘들었던 2박 3일의 W 트래킹

남미의 여름철에 꼭 가야 하는 곳이 있다면 그곳은 바로 파타고니아다. 남미는 북반구인 우리나라와 달리 계절이 정반대인 남반구에 위치해 내가 여행한 시기는 1월이었지만 여름이었다. 우기여서 땅이 젖어 있을 확률이 높지만 그래도 볼 수 있는 것들이 훨씬 많기 때문에 남미를 여행한다면 여름에 맞춰 여행하는 것을 추천하는데, 그 전의 일정을 촉박하게 짰던 이유도 바로 파타고니아를 여행하고 싶었기 때문이었다.

특히 토레스 델 파이네는 칠레에 위치한 파타고니아에서 가장 유명한 트래킹 코스로 일찍 예약하지 않으면 백패킹할 자리를 찾기도 어려울 만큼 인기 있는 곳이었다. (이미 내가 예약할 때도 많이 늦어서 자리가 거의 없었다) 미국에서 여행할 때부터 가고 싶어서 먼저 예약을 해 뒀기 때문에 상대적으로 그 전의 일정이 매우 짧아져 버렸지만 그럴만

한 가치가 있을 거라고 믿었다. 트래킹을 가기 전 머무는 마을인 푸에르토 나탈레스는 토레스 델 파이네를 방문하는 관광객을 상대로 맞춰진 마을이라서 숙소에서 트래킹을 다녀오는 사람들을 위해 몇 박 동안 짐을 보관해 주는 서비스도 제공해 주고 있었다.

내가 알아본 바로 트래킹을 가장 저렴하게 다녀오는 방법이 텐트와 침낭을 대여하여 캠핑 사이트만 빌리는 것이었다. 따듯한 도미토리도 있고 텐트가 이미 설치된 사이트도 있었지만 둘 다 앞으로 가야 할 길에 비해 너무 비싸 캠핑이란 것을 하나도 모르는 내가 백패킹을 선택하는 이유가 되었다. 텐트와 침낭을 빌리고, 트래킹 내내 먹어야 할 식량으로 간편하고 보관이 용이한 핫도그를 준비했다. 들고 가는 배낭을 꽉 채워서 짐을 무겁게 만들면 트래킹하는 내내 고생할까 봐 옷도 거의 챙기지 못했다. 짐을 맡기고 떠나는 당일 아침, 숙소에서 제공하는 아침을 먹는데, 중국에서 오신 아저씨께서 번역기를 돌려 오늘 트래킹을 떠나냐고 물어보셨다. 그렇다고 말하니 이미 다녀오셨던 아저씨가 번역기로 자신이 경험한 토레스 델 파이네를 열심히 알려 주시면서 여러 가지 팁을 나눠 주셨다. 시작부터 친절한 사람을 만나다니 왠지 이번 트래킹도 성공적으로 잘 다녀올 수 있을 것만 같았다.

초반에 혼자서 트래킹하면 외롭고 힘들 테니 동행을 구했는데, 나와 페이스가 완전히 다른 친구여서 시작부터 삐걱거렸다. 나는 첫 트래킹이라 일찍 출발해도 속도가 느려질 것으로 예상하고 있었는데 동행은 이미 트래킹 경험이 있었기 때문에 내가 먼저 출발했지만 금방 따라잡혔다. 그래서 그냥 내 속도대로 맞춰서 신경 안 쓰고 이동했는데, 어느 지점에서 서운했는지 모르겠지만 그냥 자연스럽게 각자 다니게 되었다. 그게 중요한 게 아니라 지금 당장 길을 걷는 것에 집중하기로 했다. 사람 때문에 신경 쓰는 것보다 내가 걸어야 할 길이 구만리인 느낌이었기 때문이다.

비도 내리고 바람도 부는데 길이 험해서 힘들게 첫 번째 코스인 그레이 빙하 전망대에 도착하니 바람이 너무 거세게 불었다. 도저히 빙하가 있는 곳까지 가까이 갈 날씨가 아니어서 전망대에서 돌아 나와 사이트에 도착하니 이미 몸은 다 젖어 있는 상태였다. 갈아입을 옷을 거의 챙겨 가지 않아 서둘러 따듯한 물로 샤워하고 저녁을 먹고 침낭에 들어가서 쉬었다. (다행히 빌려 온 침낭이 정말 따듯해서 감기에 걸리진 않았다.) 첫날의 날씨에 이미 지쳐 버려서 다음 날 걱정이 안 될 수가 없었는데, 무사히 완주하는 것을 목표로 잡기로 했다. 비바람이 텐트까지 와 텐트 전체가 계속 흔들리는 상태에서 편하게 잘 수 없었지만, 아침에 밝아 온 햇빛 덕분에 밤새 내리던 비가 그친 것을 알았다.

그러나 몸을 일으키려고 보니 어제의 여파로 몸살이 찾아온 것 같았다. 무거워진 몸을 일으켜야 했는데, 하필 걸어야 하는 거리가 가장 긴 날이었다. 원래 W 트래킹 같은 경우에는 3박 4일로 일정을 잡는 게 가장 이상적이었으나 그때그때 일정을 잡고 여행하던 내가 예약

토레스 델 파이네 풍경

을 서둘렀는데도 불구하고 이미 중간 사이트 자리가 다 차 버려서 별 수 없이 중간 날의 강행군이 생겨 버린 것이었다. 그래도 내 몸이 잘 버틸 거라고 하며 텐트를 거두고 짐을 챙겨 3봉 바로 아래 위치한 칠레노 산장으로 출발했다.

중간에 보통 브리타니코라고 불리는 전망대 쪽에 산장에서 하루를 머무르는데 예약에 실패한 나는 그저 걷고 쉬고 배가 고프면 챙겨간 체리를 주머니에서 꺼내 먹거나 자리 잡고 앉아 핫도그를 뜯어 먹었다. 텐트를 짊어지고 가는 나를 스쳐 지나가는 사람들의 짐은 작은 배낭이거나 심지어 힙색같은 것만 매고 가는 이들을 보며 나는 도대체 무슨 부귀영화를 위해 이곳에서 백패킹하며 여행하고 있는지 속된 말로 현타가 오기도 했지만, 쉴 때마다 눈에 들어오는 에메랄드빛으로 반짝이는 호수나, 눈이 쌓인 봉우리의 꼭대기 그리고 길 따라 흐르는 계곡과 자연 그 자체라고 말할 수 있었던 것들이 나를 걸을 수 있게 만들어 주었다.

또한 몇 번을 마주치던 서양의 한 커플과 서로 추월할 때마다 브이 하면서 지나가거나 눈이 마주치면 씩 웃거나 하면서 그들과 왠지 모를 전우애가 생긴 것 같았다. 그러나 가도 가도 끝이 없는 길 위에서 때마침 흘러나오는 GOD의 〈길〉이라는 노래가 나를 무너지게 했다. 도대체 내가 왜 이 길에 서 있는지 알지 못할 만큼 힘들고 지쳐 있는데, 길을 막고 있는 새 몇 마리까지 나를 화나게 만드는 순간이 오자 이성을 잃고 새들에게 화풀이하는 나를 발견할 수 있었다. 트래킹을 10시간째 하니 미쳐 버릴 것 같아 미래의 나에게는 더 이상의 트래킹은 없다며 나는 걸어 보고 싶었던 스페인의 순례자 길을 여기서 포기하게 되었다. 억지로 지친 몸을 끌고 30킬로 정도 걸었을 무렵 칠레노 산장으로 향하는 이정표가 드디어 보이기 시작했다.

칠레노로 넘어가는 길이 제일 극악이었는데 산등성이 따라서 오르막길과 내리막길을 거의 4번을 반복할 때쯤 드디어 칠레노에 도착할 수 있었다. 체크인을 마치고 텐트를 다시 설치해야 하는 순간이 왔는데, 그냥 방수포만 깔고 자고 싶은 마음이 굴뚝같았다. 겨우 텐트를 설치하고 서둘러 핫도그를 입에 밀어 넣고 샤워하러 갔는데 신고 간 신발이 트래킹을 위한 신발이 아닌 일반 운동화여서 발바닥에 온통 물집이 잡혀 있었다. 속상해할 것도 없이 너무 피곤해서 일단 바로 텐트에 들어가서 챙겨 온 것 중에 가장 잘 챙겨 왔다고 생각한 두꺼운 침낭에 들어갔다. 눈을 붙이자마자 잠에 들었는데, 눈을 뜨니 아침이었다. 정말 어이가 없었지만 일단 텐트를 정리하고 삼봉은 눈으로 보자 했던 목표를 위해 산장에 짐을 맡겨 두고 출발했다.

1시간 정도 삼봉으로 가는 오르막길을 오르는데, 온몸이 비명을 지르기 시작했다. 어제의 여파로 생긴 발바닥의 물집이, 배낭을 메고 온 어깨의 근육이, 무릎마저 아프다고 올라갈 수 없다고 소리를 지르는 것 같았다. 삼봉을 오르는 길이 여태껏 했던 트래킹의 길 중에 가장 극악이라는 후기를 닳도록 보고 온 나에게 너무 두려웠다. 숲길의 중간에 서서 한참을 고민했다. '내가 이 길을 오르지 못한 것에 평생을 후회할까? 아니면 포기하고 다시 내려가서 숙소에 가서 짐을 찾아 도시로 돌아간다면 내가 싫어질까?' 체력도 없이 토레스 델 파이네를 정복하겠다며 호언장담했던 내 자신이 괜히 미워져 눈물이 났다.

그러나 나는 아직 가야 할 여행길이 많았고, 아프고 싶지 않았기에 삼봉을 포기하고 다시 산장으로 향하는 길 내내 속상해서 울었다. 배낭을 다시 찾아 메고 버스 타러 한참을 내려가는 것을 보면서 '이 길을 가는 것도 버거운데, 올라갔다면 정말 힘이 들었을 거야'라며 속으로 나를 위로했다. 그 누구도 나에게 유명한 곳들을 하나도 가 보지 않았으니 실패했다고 말하지 않았음에도 한참을 가슴 아파했다.

내리막길을 마치고 들판을 걷는데 어쩌면 내 생에 마지막 파타고니아의 트래킹이 아닐까 하면서 그 와중에 풍경을 잔뜩 눈에 담았다. 한참을 걸어 센트럴 산장에 도착했고 잠시 배낭을 내려놓고 버스가 오기를 기다렸다. 더 이상 걷지 않고 쉬어도 된다는 것이 철없이 마냥 좋았다. (반전으로 아침 일찍 삼봉에 올라갔다 온 분들을 마주쳤는데, 오히려 내려와서 보이는 삼봉이 더 잘 보인다고 말해 주셨다. 아침에는 안개가 많이 껴서 보이지 않았다고 그랬다.) 아무것도 하지 않고 그저 앉아 있는 것만으로도 시간은 왜 이리 잘 가는지 금방 버스를 타고 푸에르토 나탈레스로 돌아가는데 삼봉을 오르지 못했다는 마음보다 그저 다시 돌아간다는 반가움이 앞서는 기분이 들었다. 다시 숙소에 들러 짐을 정리하고 빌렸던 텐트를 반납하는데 직원이 즐거운 백패킹이었냐고 물었지만, 그냥 씩 웃기만 했다.

토레스 델 파이네 '세 개의 봉우리'

숙소에 들어가기 전에 마트에서 장도 보고 샤워도 하고 빨래도 맡기고 침대에 누웠는데 그 따듯함과 안정감이 너무 좋아 한국의 가족들과 집이 문득 그리워졌다. 그렇다고 한국에 돌아가는 비행기를 찾을 정도는 아니었지만 그런 마음을 잘 버텨 내고 있는 내가 대견했다. 이른 아침 같은 7시 반, 갑자기 울린 전화에 잠이 깨서 확인하니 엄마였다. 다시 전화를 걸었더니 나는 잊고 있었던 명절이라고 조부모님과 함께 이동한다고 전화했다는 엄마의 목소리에 눈물이 나 목소리가 떨렸다. 새해 복 많이 받으시라고 세배도 하지 못한 딸이, 손녀가, 조카가 뭐 그리 예쁘다고 나에게 보내 주라면서 엄마에게 쥐여 주신 세뱃돈을 통장에 보냈다고 말해 주시는데, 내가 이 여행을 버텨 낼 힘이 한국에 있다는 것을 느꼈다. 비록 명절에 가족들과 함께하지 못했지만 혼자서라도 명절을 기념하여 파타고니아의 설산들이 잘 보이는 카페에 앉아 밀려 있던 일기도 적고 산책도 하고 맛있는 것도 먹었다.

나의 파타고니아는 또 나를 성장하게 하는 하나의 발판이 된 기분이었다. 내가 만약 그곳에서 트래킹하기로 마음먹지 않았더라면, 나는 가족들의 다정한 안부가 당연하지 않다는 것과 내 몸과 정신을 돌볼 지혜, 무리하지 않고 여행을 지속하는 방법을 배우지 못했을 것이다. 그렇기에 지금까지 삼봉을 오르지 못했던 것에 대해 후회하지 않고 있으니, 결국 그때의 선택은 잘한 일이었다.

12

부에노스아이레스 : 낭만이 가득했던 도시와 생애 첫 스카이다이빙

파타고니아와 세상의 끝이라 불리는 우수아이아를 떠나 나만의 시간을 갖기 위해 에어비앤비로 집을 통째로 빌렸다. 그렇게 비싼 가격은 아니었고, 쉬지 않고 달려온 나를 위한 선물 같은 쉼을 주기 위해서 결정했다. 체크인하고서 잡은 숙소의 근처를 둘러볼 겸 산책하러 나갔는데 유심이 터지질 않아서 가장 먼저 쇼핑센터에 방문해서 해결했다. 숙소로 돌아오니 내가 마음 놓고 짐 풀어두고 쉴 공간이 있다는 안정감이 너무 좋았다.

부에노스아이레스에서 반가운 인연을 만나기로 했는데, 쿠스코에서 비니쿤카도 함께 다녀오고 시내에서 밥도 여러 차례 함께 먹었던 커플과 라보카 구경을 하기로 했다. 커플이 오기 전에 미리 가서 구경 좀 하다가 만나서 함께 다니다가 저녁도 함께 만들어 먹었다. (숙소로 초대해서 백숙을 만들어 주었다.) 오랜만에 본 얼굴들이 정말 반갑고 또

간만에 한국말로 대화할 친구가 생겨서 너무 좋았다. 두 나라를 함께 여행했던 친구들이라서 앞으로의 여행에서 다시 볼 일이 없다는 생각이 들었더니 아쉬웠지만, 인연이 닿는다면 또다시 만날 수 있을 것이라는 마음으로 여행자의 인사법으로 길 위에서 다시 만나자고 인사를 건네고 헤어졌다.

부에노스아이레스의 일요일은 꼭 산텔모에 가야 한다. 일요마켓이 산텔모 거리 하나에 통째로 열리기 때문이다. 함께 가기로 한 언니가 다른 한 명도 함께 구경해도 되냐고 해서 좋다고 했는데, 만나기로 했던 카페에서 보니 그전에 이미 동행한 언니여서 상황이 너무 웃겼다. 셋이서 함께 구경하는데 2월이 무색하게 무더운 날씨로 길이 눈에 들어오질 않았다. 중간에 밥도 먹을 겸 식당에 들어가서 쉬었더니 그 사이에 마켓이 열려 있는 길에 그늘이 생겨서 다시 구경할 만한 체력이 생겼다. 중간중간 눈여겨 뒀던 기념품들을 구입하고 동행했던 한 언니가 숙소에 와인이 네 병이나 남아서 처치가 곤란하다고 해서 함께 저녁을 해 먹기로 했다. 고기도 든든하게 사고, 맥주도 사서 언니의 숙소에서 다 함께 고기도 구워 먹고 와인과 맥주도 마셨다. 매번 두세 명 정도와 놀다가 몇 명이 모이니 다양한 대화를 나눌 수 있어서 행복했던 저녁 시간이었다. 너무 늦은 시간에 각자의 숙소로 돌아가면 위험할 수 있으니 조금 서둘러서 버스 타고 숙소로 돌아왔는데, 정말 오랜만에 따듯하고 행복한 저녁을 보냈다는 기분이 들었다.

다음 날은 아침 일찍 스카이다이빙하러 가기로 예약이 되어 있었기에 6시 반에 일어나 스카이다이빙하는 곳에서 챙겨 먹을 샌드위치와 삶은 계란을 만들어서 약속 장소로 이동했다. 생각보다 일찍 도착해 버려서 커피 한잔하고 있는데 전날 동행했던 스카이다이빙을 함께하기로 한 언니가 자기도 커피 한잔을 포장해 달라고 해서 챙겨서 버스에 탑승했다. 스카이다이빙 센터에서 간단한 안전교육과 함께 잔금 결제하고 기다리는데 동행이 제일 먼저 하고 싶다고 나서서 나도 기다리기 뭐해서 그냥 같이 출발했다. 두세 번째 비행기에서 할 줄 알았는데 갑자기 맨 처음이 돼 버려서 약간 어리둥절한 마음으로 스카이다이빙 안전 장비를 입고 경비행기에 올랐다. 15분을 빙글빙글 돌면서 하늘 위로 올라서 내가 제일 마지막에 다이빙했는데, 함께 탑승한 사람들이 떠나가는 걸 보면서 심장이 터져 버릴 것 같이 떨렸다. 팔을 엑스 자로 겹치고 나서 뛰어내렸는데, 잠깐 시간이 멈춘 듯 심정지 온 것 마냥 숨이 막혔다. 그러고 나서 정신이 드니 숨을 쉴 수가 없이 중력을 거슬러 낙하하고 있었는데, 뒤에서 함께 낙하하는 교관이 금방 낙하산을 펼쳐서 시끄럽게 들리던 풍절음이 순식간에 확 사라지고 고요함만 남았다.

함께 뛰어내린 사람 중에 나만 사진이나 영상을 신청하지 않았는데, 교관이 뒤에서 방풍 안경을 빼 주고 여유롭게 풍경을 즐기라고 해줘서 드넓은 하늘과 끝없이 보이는 땅의 지평선까지 둘러볼 수 있어서 너무 좋았다. 천천히 내려와서 땅에 다리가 닿으니 내가 경험했던 것이 실제인지 꿈인지 실감이 나지 않을 정도로 다리가 후들거렸지만, 그 경험으로 인한 아드레날린이 폭발하는 기분으로 또 언젠가 스카이다이빙을 한 번 더 해 보고 싶다는 생각이 들었다. (그때는 조금 더 능숙하게 다이빙을 즐길 수 있지 않을까?)

스카이다이빙 하는 곳에 있던 경비행기

다이빙을 마치고 시내로 돌아와 저녁에는 또 다른 동행과 함께 피아졸라 탱고 공연을 보기로 했기에 바로 이동해서 피아졸라 보기 전에 맥주 한잔하러 갔다. 독일 맥줏집이었는데, 한국에서 보던 익숙한 맥주와 달리 종류가 너무 다양해서 뭘 마셔야 할지 한참 고민했다. 맛있는 맥주를 추천받아 마시고 간단하게 저녁도 때운 다음 피아졸라 공연장으로 이동했다. 원래 처음에 예약했던 곳은 티켓값과 별개로 술이나 음식을 주문해야 해서 피아졸라로 변경했는데, 확실히 이미 한국에서 너무나 유명한 탱고 공연으로 소문난 만큼 연주나 춤 모든 게 너무 멋졌다. (들은 바로는 처음 예약했던 곳은 더 가까이서 탱고 공연을 볼 수 있어 각 공연마다 장단점이 다르긴 했다.) 실제로 탱고는 원래 남자들이 추던 춤으로 시작해서 여성과 남성 파트너로 춤추는 것으로 변화되었는데 초반에 남자들이 정장 입고 나와서 추는 탱고부터 몰입이 확 되었다. 음악도 녹음된 음원을 틀어 주는 것이 아니라 실제로 반도네오와 기타, 피아노 등 악기들로 실제 연주를 해 주는데 반도네오의 능숙한 연주가 특히나 인상 깊었다. 너무 아름다운 공연이어서 누군가가 부에노스아이레스에 방문한다면 꼭 추천해 주고 싶어졌다. 공연이 끝난 뒤에 하루 동안 부지런히 일정을 소화했더니 너무 피곤해져서 얼른 숙소에 들어가서 바로 씻고 잠에 들었다.

다음 날은 함께 여행했던 언니의 출국하는 날이었다. 짐을 두고 쉴 곳이 없다고 고민하길래 내가 머물고 있던 에어비앤비에 있다가 가라고 말했고 언니가 그렇다면 브런치는 본인이 사 주겠다고 했다. 함께 멋진 카페에서 브런치와 대화를 즐기다가 문득 좋은 사람을 만나는 것이 여행에선 참 멋진 일이라는 것을 느꼈다. 하루를 함께 편안한 시간을 보내다가 언니가 떠날 시간이 다가오기에 마중할 겸 레콜

레타까지 함께 갔다. 만난 지 며칠이 안 된 시간이었지만 멋진 사람을 알게 된 것이 내 인복인가 싶을 정도로 행복했다. 아직 두 번째 대륙, 여행을 떠난 지 4개월 남짓의 시간이지만 나의 여행은 아직도 진행 중이고, 앞으로도 더 멋진 사람들을 잔뜩 만나고 싶다.

탱고를 배워 보고 싶어 예약했던 드미트리의 탱고 수업에서 드미트리가 했던 말이 있다. 탱고는 그저 춤이 아니라고, 그저 하는 거라고 말했던 그의 눈에서 탱고에 대한 철학이 보였다. 누군가에게는 그저 춤일지 모르겠지만, 적어도 내가 만난 드미트리에게는 탱고라는 하나의 주제를 사랑하며 즐기는 모습이 좋았다. 나에게도 여행은 그저 하나의 취미가 아니라 그 안에 담긴 수많은 것들을 배워 가는 과정이기에, 드미트리의 마음을 이해할 수 있었던 것 같다.

13

리우데자네이루 : 삼바의 나라 브라질에서 만난 리우 카니발

리우데자네이루를 가기로 결정한 이유는 딱 하나였다. 삼바의 나라에서 세계적인 축제인 리우 카니발을 볼 수 있다는 것이었다. 유명한 축제인 만큼 물가가 축제 기간에 맞춰 어마어마하게 올랐지만, 살면서 브라질을 다시 갈 자신이 없었기에 이번 기회에 꼭 방문해야지 했다. 시내로 들어서는 순간부터 긴장을 어마어마하게 했는데, 여행자가 유심을 살 수 없는 나라인 것도 처음 보고 또 계속해서 카더라 통신으로 누군가가 소매치기당하는 건 일상이고, 강도나 폭력 심하면 죽을 수도 있다는 이야기가 들려왔기 때문이었다. 숙소를 일부러 안전한 바닷가로 잡았는데 바닷가에서도 마음 놓고 여행하지 못하고 그저 숙소 근처를 다녔다.

유일하게 일정이 맞아 동행하기로 한 분이 있어서(브라질을 여행하는 여행자가 별로 없어서 동행을 찾기 힘들었다.) 본토에서 먹는 슈하스코를 맛보러 고급 식당에 방문했다. 슈하스코는 브라질식 고기 뷔페인데 꼬치에 고깃덩어리를 꽂아서 바비큐 한 뒤 원하는 사람들에게 조금씩 잘라 주는 형태로 무한리필이 된다. 부위도 다양하고 양고기나 돼지고기, 소고기, 해산물 등 다양하게 제공이 되기 때문에 브라질을 여행할 계획이라면 꼭 한번은 먹어 보라고 추천하고 싶은 메뉴이다. 동행과 함께 다양한 고기를 맛보면서 대화를 나눴는데, 국제기구를 통해 일하러 왔다는 이야기를 들으면서 세상은 넓고 일하는 형태도 다양한 것을 또 알게 된 순간이었다. 또한 그렇게 일하러 오기로 하고 먼 브라질까지 나와서 일하고 있는 모습이 정말 멋있어 보였다. 함께 밥을 먹고 각자의 숙소로 택시 타고 돌아가기로 했는데, 경유하는 코스로 해서 택시 한 대로 이동했다. 함께 이동할 수 있는 사람이 있어서 마음의 큰 위안이었다.

다음 날은 빵 산이라는 곳으로 구경 가기로 했는데 실제 이름은 빵 산이 아니라 빵 데 아수카르라는 이름으로 한국인들끼리 줄여서 빵 산이라고 부른다. 산을 오르는 케이블카가 있어서 힘들게 오를 필요가 없는데, 케이블카를 타고 중간에 있는 봉우리와 뒤에 있는 두 번째 봉우리까지 올라갈 수 있다. 첫 번째 봉우리에 내려서 내려다보이는 도시의 풍경을 구경하는데, 빵 산 같은 경우는 부촌에 자리 잡고 있어 바닷가 쪽으로 요트가 잔뜩 정박해 있는 것이 보였다. 시원하게 보이는 바다와 내가 머무는 이파네마 해변까지 쭉 보이는 풍경이 멋졌다. 두 번째 봉우리까지 올라갔더니 안개가 껴서 그곳에서는 아무것도 보이지 않았다. 동행과 그대로 내려가기엔 아쉬워서 의자에 앉아 멍하니 안개가 지나가는 것을 보고 있었는데, 어떤 여행객 아주머니가 농담으로 이 아름다운 풍경을 보라고 해서 빵 터졌다.

그러다가 어떤 한국 분이 와서 한국 사람이냐면서 반갑게 말을 거셨다. 리우에서 한국 사람 만나기 정말 어려운데 한국 분이라서 너무 반가웠다. 서로 사진도 찍어 주고 하다가 함께 빵 산에서 내려왔는데 하필 비가 오기 시작해서 택시를 잡으려고 보니 다들 비 오는 날씨에 택시 잡는지 잡히지 않아서 버스 타려고 기다리는데 버스도 오질 않았다. (구글에는 버스가 있다고 되어 있었는데 데이터가 터지지 않으니 확인할 방법이 없었다.) 그래서 걸어서 큰 도로까지 나와서 택시 잡아서 숙소까지 겨우 돌아왔다. 숙소에 돌아와서 씻고 저녁으로 라면을 끓여 먹었는데 같은 방을 사용하는 사브리나가 호스텔의 로비에서 함께 술 마시자고 제안해 줘서 숙소 친구들끼리 모여서 술도 마시고 다른 친구들이 비어퐁하는 것도 구경했다. 나도 한잔 하면서 호스텔의 친구들이 어울리는 것을 보다가 브라질의 다른 지역에서 놀러 온 브루나를 만났는데, 매번 생각하지만 남아메리카에 사는 여성들은 너무 매력적이고 가진 고유의 분위기가 너무 좋았다. 브루나는 브라질이 정말 위험한데 혼자서 여행하냐면서 놀라워했고, 부디 안전하게 여행하라고 말해 주었다. (브라질에서 살고 있는 친구가 그렇게 말해 주니 더 경계심이 높아졌다.) 하지만 그녀가 상냥하게 건네준 걱정 덕분에 나는 브라질이 조금 더 좋아졌다. 모두가 위험한 사람이 아니라는 것을 알려 줬던 브루나를 만나게 되어서 다행이었다.

삼바 축제 중이었던 셀라론 광장

내가 리우 카니발과 더불어 정말 보고 싶었던 것은 랜드마크라고 불리는 산 위에 있는 예수상이었다. 리우에 있는 예수상을 기준으로 앞쪽은 부촌, 뒤쪽은 빈민촌인데 그래서 생긴 우스갯소리로 예수도 빈민촌을 저버렸다라고 농담한다고 했다. 아마 부촌에서 예수상을 짓는 데 큰돈을 썼으니, 예수상이 부촌 쪽으로 지어졌겠지만, 그런 말 자체가 빈민촌에 사는 사람들에게는 엄청 속상하겠다는 생각이 들었다. 예수상을 올라가는 방법에는 버스와 트램이 있는데 처음에는 동행들과 조금 더 저렴하게 올라갈 수 있는 버스를 타려고 예매하는 곳으로 넘어갔더니 비가 너무 많이 와서 도로 위로 산사태가 일어나 버스 운행을 하지 않는다는 소식이었다. 우리는 서둘러 트램을 타는 곳으로 넘어갔는데, 이미 너무 늦은 시간이라서 트램을 타려면 많이 기다려야 한다는 말을 들었다. 그래도 대기해서 올라가자고 기다렸는데 운이 좋게 금방 떠나는 기차에 자리가 많이 남아 우리도 바로 탑승이 가능해서 많이 기다리지 않고 바로 예수상까지 올라갈 수 있었다. (아마 미리 예약을 해 두고 시간 내로 오는 사람이 없어서 현장에서 자리 나는 대로 태워 주는 것 같았다.)

들리는 말로는 강도들이 올라가는 트램도 점령해서 물건을 빼앗아 간다고 들어서 불안했는데 다행히 그런 일은 일어나지 않았다. 예수상까지 올라가니 비가 오는 덕분인지 사람도 많이 없어서 여유롭게 구경할 수 있었는데, 산 위에 어떻게 이렇게 거대한 예수상을 설치할 수 있었는지 정말 경이로운 풍경이었다. 다행히 예수상 위로 구름이 있어 전체적인 풍경과 위에서 내려다보는 도시의 모습을 둘러볼 수 있었다. 우기인지라 비가 오는 날씨여서 예수상도 빗물이 흘러내려 젖어 있었으나, 그래서 묘하게 신성한 느낌이 들었다. 한참을 구경한 뒤, 다시 트램을 타고 내려가는데 내려가는 트램은 별도로 시간이 정해지지 않아 많이 기다릴 필요가 없어 좋았다. 그렇게 예수상을 마지막으로 리우에서의 관광은 마무리 지었다.

리우에서의 마지막 일정은 리우 카니발을 보는 것이었는데, 한인 민박에서 예매 대행을 하는 것으로 예약해서 픽드랍과 카니발 입장 티켓까지 한 번에 해결할 수 있었다. 검색해 본 티켓값보다 훨씬 비싼 값이었지만, 개인적으로 챙길 수 없는 안전을 한국인들 여러 명과 이동하고 함께 관람하는 것으로 지불했다고 생각하기로 했다. 밤 9시 반부터 시작하는 카니발은 아침 7시가 되어야 끝난다고 했다. 7시까지 한인 민박에 모이기로 해서 일찍 출발하려 나서니 비가 미친 듯이 내렸다. 얼른 가야 하는데 비에 흠뻑 젖어 버려서 다시 숙소로 돌아왔다가 비가 조금 잦아들어서 얼른 지하철을 타고 이동했다.

한인 민박에 도착해서 티켓을 받고 카니발 하는 공연장까지 데려다주셨는데, 티켓 가격이 비싼 대신 자리를 좋은 곳으로 잡았다 하여 얼마나 좋을까 했는데 중앙의 4개 섹션 중 하나여서 엄청 만족스러웠다. 늦지 않게 입장했는데 비가 부슬부슬 왔다. 비가 계속 오면 카니발에 지장이 있다고 해서 걱정스러웠으나 큰 지연 없이 카니발이 시작하고, 거대한 퍼레이드가 입장하기 시작했다. 여러 개의 삼바 학원에서 참가하여 한 팀당 수백 명, 많게는 천 명 정도가 카니발에 참여한다고 들었는데, 밴드가 직접 연주하는 학원마다의 음악에 맞춰 행진했다. 유난히 멋진 삼바의 복장을 한 사람들이 춤을 출 때마다 너무 아름다워서 감탄하며 볼 수밖에 없었다.

주변에 앉은 사람들 모두가 카니발의 팬들인지 음악을 따라 부르거나 춤도 함께 추면서 즐기는 분위기라 나 역시 잠시 외지인이라는 것을 잊고 알지도 못하는 포르투갈어를 따라 부르면서 즐거워했다. 뒤로 갈수록 열기는 더해지고 새벽을 향해 가는 시간임에도 피곤함이라곤 보이지 않는 광경이었다. 예약된 자리가 카메라가 잡기 좋은 곳이었는지 자꾸 전광판의 곳곳에서 나올 때마다 함께 간 동행과 서로 나왔다며 춤을 추며 환호를 질렀다. 한 시간 반 정도의 공연을 마치고 나면 잠시 소강 상태로 앉아서 쉬다가 또다시 새로운 팀이 소개되면 함성과 함께 열렬히 응원하는 관중의 열정이 뜨거웠다.

리우카니발 현장

다시 숙소로 데려다주기로 한 시간이 새벽 3시였는데, 함께 갔던 사람들과 정리해서 나오는데 4번째로 등장한 팀이 가장 인기 있는 팀이었는지 경기장이 떠내려갈 듯 외치는 함성에 아쉬움 가득한 눈을 돌려서 나올 수밖에 없었다. 숙소까지 무사히 돌아와서 바로 다음 날 길고도 아름다웠던 아메리카를 떠나는 날이 되었다. 4개월 정도의 시간을 아쉽지 않게 즐기고 가는 것 같아 행복했고 언젠가 또다시 기회가 생긴다면, 이번과는 다른 시야를 가지고 아메리카를 여행하고 싶다는 생각을 했다.

14

포르투 : 노을이 이렇게도 아름다울 수 있었나? 도시에 취하던 나날들

유럽의 첫 나라는 포르투갈이었다. 브라질에서 포르투갈어를 듣다가 넘어온 덕분인지 언어에 적응하기 어렵지 않아 좋았다. 여행할 당시에 포르투라는 도시가 막 노을이 기가 막힌 곳이라고 명성을 얻기 시작했던 곳이었는데, 노을을 정말 사랑하는 나에게 딱 맞는 여행지일 것 같다는 예감에 주저 없이 포르투로 향했다. 포르투에 도착하자마자 숙소에 체크인하고 근처 빨래방으로 빨래하러 갔다. 브라질에서부터 빨래를 못 했기 때문에 더 이상 입을 옷이 없었기 때문이었다. (보통은 숙소에 빨래서비스가 있지만 코인세탁소에서 직접 빨래를 하면 더 저렴했다.) 그리고 피곤해서 숙소에서 쉬려고 했는데 이미 먼저 포르투를 다녀갔던 친구가 첫날에는 무조건 수도원까지 올라가서 노을과 야경을 봐야 한다며, 가는 길에 와인도 한 병 사서 가라고 조언해 주었다.

빨래를 숙소에 던져 두고 바로 수도원을 향해 다리를 건너고 언덕

첫날 만났던 포르투의 노을

을 올라가기 시작했는데, 오르막길이 너무 가파르고 높아서 괜히 피곤한데 올라가기로 했나 후회했지만 금세 내 결정을 칭찬하게 되었다. 포르투에서 본 노을 중에서 역대급으로 아름다운 노을을 만났기 때문이었다. 구름이 가득한 하늘이 붉은빛을 띄우다가 금세 보랏빛으로 물들어 가는 모습과 내려다보이는 강이 흘러가는 길 따라 만들어진 도시의 어둠을 밝히는 가로등이 켜지는 순간은 감탄이 나오지 않을 수가 없었다. 시간의 흐름대로 만들어진 노을의 물결은 꼭 사 가라고 해서 구입했던 화이트 포트와인과 무척 잘 어울렸다. 브랜디 통으로 숙성된 와인의 강한 향은 이 도시가 어찌하여 포트와인의 원산지가 될 수 있었는지 이해하게 했다. 아마 나는 포르투에 머무는 내내, 이 언덕을 올라 노을을 만나러 올지도 모르겠다는 확신이 들었다. 그렇게 아름다운 순간을 놓치기에는 시간이 너무 아까웠다.

포르투에 머무는 동안 딱히 뭔가 바삐 일정을 소화하려고 애써 노력하지 않았다. 어느 날은 도루강 강가에 앉아 누군가가 연주하는 버스킹 소리를 들으며 맥주를 마시기도 했고, 골목마다 숨어 있는 맛집을 찾아 나름의 나만의 맛집 리스트를 만들기도 했다. 또 어떤 날은 갑자기 바다에 가고 싶어서 버스를 타고 30분만 나가면 된다는 바다에 나가 와인을 마시며 바다 멍을 때리기도 했다. 반짝이는 바닷가를 나누고 싶은 마음에 인스타 라이브를 켜서 함께 수다를 떨면서 바다를 구경했다. 발 틈 사이로 빠져나가는 모래알, 아직은 조금 차가운 바닷물, 마트에 들러 가장 색이 예뻤던 로제 와인 한 병을 들고 안주로는 포르투갈식으로 만들어진 에그타르트 몇 개면 충분했다.

여행에서의 낭만을 만들어 가는 것은 그리 많은 것이 필요 없었다. 좋은 사람을 만나 좋은 시간을 보내는 것도 좋았지만, 혼자서 시간을 여유롭게 사용할 수 있는 것에 감사하게 되었다. 여행지에서 의미 없는 시간이라는 것은 없다. 무언가를 부지런히 해도, 또는 여유롭게 길만 거닐어도 시간이 지난 뒤에 돌아보면 결국 그 모든 것에 의미가 가득했다. 내가 사랑하는 무언가를 거창하지 않고 과하지 않게 하루에 딱 하나라도 추억거리를 만들었다면, 그것은 그것으로도 충분한 의미를 가진 하루가 된 것일 테니까 말이다. 여행이 길어질수록 누군가와 함께하는 시간보다 나 혼자서 스스로 시간을 사용해야 하는 순간이 더 많아졌고, 그로 인해 혼자만의 시간을 어떻게 사용하는지 배워 갔다.

어느 순간부터 도시가 익숙해지기 시작하고, 지도 없이도 원하는 곳으로 다닐 수 있게 되었다. 자주 가던 스타벅스의 직원이 내 이름을 기억하기 시작하고, 해물 밥이 정말 맛있어서 동행이 생길 때마다 데리고 가던 식당의 직원을 도와 옆 테이블 손님에게 메뉴를 설명해 주었을 때, 직원이 이 가게의 단골이라 소개해 주는 뿌듯함이 생겨났다.

포르투 하면 《해리포터》 작가가 모티브를 따왔다는 렐루 서점과 포트와인이 생산되는 생산지로 유명한데, 그래서 머무는 동안 꼭 한 번은 와이너리 투어를 가봐야겠다고 다짐하고 있었다. 다행히 와이너리 투어에 대한 동행을 구할 수 있어서 먼저 예약해 두고 방문하게 되었다. 우리는 샌드맨이라는 브랜드의 프리미엄 투어를 참여했는데, 내부에 들어갔을 때 맡을 수 있는 오래된 오크통의 냄새가 너무 강해서 머리까지 어지러운 기분이었다. 아마 브랜디를 숙성시키던 오크통이라 술 자체가 이미 통에 깊게 배어 있어 와이너리 내부에 들어가니 냄새가 더 강하게 느껴졌던 것 같았다. 사실 여행을 시작하기 전까지 와인에 대해 큰 관심이 없었는데(흔하게 접하는 만 원짜리 와인이 내가 알던 전부였다.) 칠레와 아르헨티나를 여행하면서 신대륙 와인을 맛보고 포르투에 넘어와 포트와인과 그린 와인을 맛보면서 더 흥미를 느꼈다.

와이너리 투어를 마친 후에 시음하는 시간에는 그린 와인과 빈티지 루비, 타우니 와인을 맛볼 수 있었는데 특히 10년 된 빈티지 루비 포트와인의 향과 맛이 정말 흥미로웠다. 동행이 술이 약하다며 맛보다가 남은 와인을 내게 양보해 주었는데, 덕분에 가난한 여행자에게 멋진 와인을 더 맛볼 기회가 되어 매우 신났다. (포트와인은 도수가 높아서 몇 잔 더 마셨더니 꽤 취기가 올라왔다.) 와이너리 투어를 마친 뒤에 동행이 수도원에 올라가고 싶다고 해서 노을을 보러 올라갔지만, 날이 흐려 춥고, 노을도 잘 보이지 않아 오래 있지 못하고 바로 내려올 수밖에 없었다. 동행과 헤어진 후 스페인에서 넘어오신 어떤 분이 마드리드의 교통카드를 나눠 주신다는 소식을 듣고 감사한 마음으로 만나서 나눔 받았다. 여행 중에 마음씨가 좋은 분들이 나눠 주신 덕분에 경비를 많이 아낄 수 있었는데, 나도 받은 만큼 꼭 언젠가 다른 이들에게 좋은 것으로 흘려보내고 싶어졌다.

포르투의 근교 도시로 유명한 도시는 아베이루와 코스타노바인데, 상 벤투 역에서 기차로 1시간 반 정도 이동하면 도착하는 거리에 자리 잡고 있다. 아베이루에서 코스타노바까지는 30분을 가야 하는데 버스로 이동하고, 버스가 일찍 끊긴다는 소리가 있어 함께하기로 했던 동행들과 코스타노바부터 구경하고 돌아오자고 일정을 정해 놓았던 상태였다.

10시 55분 기차로 아베이루에 도착하자마자 코스타노바로 가는 버스정류장까지 걸어가는 길에 아기자기한 도시의 풍경에 행복해지는 기분이 들었다. 버스정류장은 곤돌라가 다니는 강변에 자리 잡고 있는데, 사람이 노를 저어 운행하는 곤돌라가 아닌 모터로 움직이는 곤돌라를 보면서 "역시 시대는 발전하고 있다."고 농담을 동행과 나눴다. 코스타노바의 중심에 도착해서 버스에 내리자마자 보이는 바다에 몸이 자연스럽게 방파제로 향했다. 잠시 앉아서 바다를 보다가 코스타노바에서 가장 유명하다는 줄무늬 무늬의 집들을 구경하며 도시의 안쪽으로 걸어 들어갔다.

도시의 반대쪽에도 바다가 있었는데 커다란 모래사장과 더불어 나무로 된 데크가 잘 되어 있어 걸어 다니기 좋았다. 도시의 곳곳에서

코스타노바 줄무늬 무늬의 집

노란색, 파란색, 분홍색 등의 줄무늬를 보면서 '어느 누가 그렇게 건물에 무늬를 넣을 생각을 했을까'라는 생각이 들었다. 시간도 보지 않고 걷다 보니 금세 4시가 넘어 버려 서둘러 다시 버스를 타고 아베이루로 돌아왔더니 다들 아베이루를 구경할 체력이 바닥나기도 했고 배도 너무 고파서 평점이 좋은 피자집을 찾아 간단하게 밥을 먹은 다음, 다시 포르투로 돌아왔다. 돌아오는 기차에서 거의 기절하다시피 잠에 들었다가 겨우 일어나 기차에서 내렸는데, 다들 서로 상의라도 한 듯이 헤어지는 인사를 건네면서 자연스럽게 각자의 숙소로 흩어졌다. 근교로 여행을 다녀온 것이 너무 즐거웠지만 아침 일찍부터 이동하고 부지런히 돌아다닌 건 매우 힘든 일이었다. 하지만 포르투에 머무는 동안 코스타노바를 다녀온 것은 내게는 절대 후회되지 않는 일이었다. 난 다시 포르투에 간다면 또다시 코스타노바를 여행 가고 싶다고 생각했다. 그만큼 작은 도시에게 매력을 느꼈다. 어쩌면 다음에는 하루를 머무르면서 코스타노바를 온전히 누릴 수 있을지도 모르지!

15

리스본 : WE LOVE FXXKING TOURIST

정들었던 포르투를 떠나 다음 여정인 리스본으로 향했다. 사실 브라질에서 넘어오자마자 리스본에서 머무른 날이 있었지만, 그때보다 포르투 이후에 들린 리스본이 나에게 더 기억에 많이 남았다. 포르투에서 리스본의 호스텔을 예약하는데 이름부터 매우 자극적인 호스텔을 발견했다.

호스텔의 이름은 WE LOVE FXXKING TOURIST. 말 그대로 여행자를 비속어를 쓸 만큼 사랑한다는 이름의 호스텔이었기에 비록 후기에서 4층까지 계단을 올라가야 한다는 것을 보았지만 예약할 수밖에 없었다. 계단을 올라가는데 만난 호스텔 스태프인 마야가 응원해주는 것을 들으면서(도와주려고 했지만 어차피 배낭이어서 괜찮다고 거절했다.) 힘겹게 숨을 몰아 내쉬며 4층에 도착해 체크인을 마칠 수 있었는데, 체크인하는 와중에 저녁에 타파스 디너가 열린다며 참여하면 좋은 친구들을 사귈 수 있을 거라고 추천받았다. 잠깐 고민하다가 참여하기로 하고, 방에 들어갔는데 숙소 컨디션이 그렇게 좋은 편은 아니었다. 흔한 호스텔처럼 철제 2층 침대에 움직일 때마다 삐걱거리는 소리가 거슬렸지만 그런 컨디션의 침대에 많이 익숙해진 여행자가 된 나는 금방 적응하고 침대와 한 몸이 될 수 있었다. (하지만 잘 때는 남들에게 시끄러울까 봐 신경 쓰이긴 했다.)

저녁이 되어 디너에 참가했는데, 다양한 나라에서 놀러 온 여행자 친구들을 새롭게 만날 수 있어서 너무 좋았다. 그중 동양인은 나뿐이었는데, 다들 너무 친절하게 먼저 말 걸어 주고, 대화를 나눌 수 있었다. 특히 그날은 케이틀린의 생일이었는데 마야가 포르투갈식 에그타르트 나타를 여러 개 쌓고 거기에 초를 붙여 해피버스데이 노래를 다 함께 불러 줬다. 그 누구보다 행복해하는 케이틀린의 표정에서 나 역시 함께 생일을 축하해 줄 수 있다는 것이 덩달아 행복해지는 순간이었다. 우리가 안 지 얼마 되지 않았다는 것은 그 자리에서 중요한 것이 아니었다. 그저 누군가의 생일이라는 것으로 서로의 긴장이 조금 더 쉽게 풀리는 계기가 되어 주었다. 저녁을 먹고 나서 다 함께 파두를 들으러 유명한 가게에 갔지만 이미 만석이어서 도저히 공연을 들을 공간이 나지 않아서 마음 맞은 몇몇의 친구들과 근처 펍으로 자리를 옮겼다.

7명이서 옹기종기 중앙에 앉아서 시끌벅적하게 떠들었다. 생일이었던 케이틀린은 신나서 데킬라 샷을 함께하는 친구들에게 한잔씩

사 주었다. 우린 펍에 있었던 다른 손님과도 이야기를 나누면서 친해질 수 있었는데, 시간이 갈수록 만취한 친구들은 중간에 먼저 숙소로 돌아가고 나랑 케이틀린, 마리샤와 호세가 남아 가장 나중에 숙소로 돌아가려는데 갑자기 마리샤가 햄버거를 먹고 싶다며 새벽 늦게까지 운영하는 맥도날드로 갔다. 한국에선 해장은 뜨끈한 국밥인데 이게 바로 유럽의 해장 문화인가 싶어 재밌고 신기했다. 그날만큼은 매일 긴장하던 여행 속에서 유일하게 마음을 풀어 둔 날이었다. 리스본에 도착한 첫날부터 좋은 친구들을 만나게 되었다는 것이 그저 행복한 밤이었다.

리스본 코메르시우 광장

전날 파티의 여운이 길게 남아 피곤함에 찌든 상태였기에 아침 내내 침대에서 벗어나지 않고 누워 있었다. 하지만 창문으로 비치는 해가 너무 예쁘기에 얼른 준비하고 호스텔에서 탈출하여 강변까지 걸어갔다. 이어폰으로 흘러나오는 음악과 비치는 윤슬에 감성이 터지다 못해 흘러내리는 동안, 이런 날씨에 맥주를 마시지 않으면 무슨 무슨 죄로 큰일이 나가라도 할 것 같으니 서둘러 노상 매점에서 생맥주 한 잔을 주문해서 야외 테이블에 앉았다. 단돈 3유로의 생맥주라니 너무 행복해서 웃음이 나오는 동안 쿠바에서 동행했던 친구에게 전화가 와서 한껏 약 올렸다. 여행에서 만난 사람들과 아직까지 연락이 닿는다는 것은 사실 고마운 일이었다.

내가 좋아하는 감성이 한가득한 날이라서 '이런 것을 위해 내가 이렇게 멀리서 여행 중이었지'라는 생각이 들었다. 한참을 돌아다니며 놀다가 숙소로 돌아와서 약속이나 한 듯 거실에 모여 친구들과 오늘 뭐 했는지에 대해 이야기하고 있었는데, 나중에 온 친구들도 자연스럽게 합류해서 수다를 떨었다. 한국이 아닌 곳에서, 다양한 인종과 다양한 나라에서 온 친구들이 모여서 영어로 대화를 나누고 있다는 것이 너무 신기했다. 처음에 나는 영어에 대한 자신감이 정말 없었고, 아직도 대화를 나눌 때 내가 말하고자 하는 것이 잘 전달될지에 대한 두려움이 있었다. 그런데도 다양한 나라의 친구들을 새롭게 만날 수 있었던 이유는 그저 내가 말하는 것에 귀 기울여 주고 이해가 될 때까지 물어봐 주는 좋은 사람들을 만났고 어차피 네가 영어를 주 언어로 사용하는 나라에서 태어난 사람이 아니기 때문에 영어가 미숙할 수밖에 없다고 말해주어서 더 힘을 얻을 수 있었다.

친구들과 이야기를 나누다가 호스텔에서 진행되는 펍 크롤(몇 개의 펍을 투어하며 라이브 음악도 듣고, 샷도 마실 수 있는 프로그램)을 출발한다고 하여 다 같이 모여서 스텝과 함께 첫 번째 펍으로 이동했다. 첫 번째 펍은 뭔가 가게도 좁고 재미가 없어서 구석에 서서 멍하니 있는데,

다들 재미없어 보였는지 스텝이 다음 펍으로 이동할지 물어봐서 좋다고 했다. 두 번째로 들어간 펍이 개인적으로 그날 갔던 펍 중에 가장 재밌었다. 가게에 사람이 별로 없었지만, 기타로 연주하며 노래 부르던 분의 노래가 마음에 들어서 같이 간 친구들과 유명한 팝 노래를 따라 부르면서 어깨동무하면서 춤도 추고 신나게 놀았다. 흥이 잔뜩 오른 채로 신나게 놀고 있는데, 갑자기 호스텔에서 함께 온 스텝이 다른 펍으로 이동하자고 해서 많이 아쉬워하면서 나와 이동하는데 흥이 오를 대로 올라서 우리는 길거리에서 노래 부르면서 사진도 찍고 뛰어다녔다. 세 번째로 들어간 펍은 너무 조용하고 재미가 없어서 다들 급격하게 표정이 어두워졌다. 거기서는 잠시 앉아서 이야기를 나누다가 스텝이 여기 다음에는 클럽에 갈 사람들은 가고 아니면 숙소로 돌아가면 된다고 했는데, 친구들과 '포르투갈 클럽까지 구경해 보자' 하고 들어갔지만 이미 새벽이 한참 된 시간이었고, 뭔가 클럽에 모인 사람들은 이미 밤새 놀기 위해 열심히 꾸미고 나온 느낌이라 우리와는 맞지 않아서 룸메이트로 함께 지내는 친구들과 함께 클럽을 나와 숙소로 돌아갔다. 내가 살면서 외국인 친구들이 여러 명 생기고, 그 친구들과 함께 펍에도 가 보고 길거리에서 이야기를 나누면서 돌아다니는 경험을 언제 할 수 있을까 생각하니 지금 지내는 호스텔로 예약을 한 것이 어쩌면 운명이 아니었을까 하는 생각이 들었다.

리스본에서 지내는 동안 좋은 친구들을 만났고, 먼저 떠나는 친구를 거실에서 만났을 때 볼에 뽀뽀해 주며 서로의 여행을 응원하는 인사를 남기는 모습에서 나는 리스본이라는 도시 자체가 소중해졌다. 떠나기 얼마 안 남았을 때 머무르던 호스텔의 천장에 빼곡한 낙서에 스텝에게 우리도 낙서를 해도 되냐고 물어봤더니 분필을 빌려주었다. 함께 떠들던 친구들과 분필을 받아 들고 계단을 내려가는 길에 알렉스를 만났는데, 너네 어딜 가냐고 물어서 천장에 낙서하러 간다니까 자기도 같이 하고 싶다며 무리에 꼈다. 우리는 마음에 든 빈 공간을 찾아 한쪽 구석에 짧은 단어를 남겼다. 친구들은 내가 적은 'YOLO(You Only Live Once라는 뜻으로 이전에 예능프로에서 보고 인상 깊어 기억하고 있었다.)'를 보고서 지금 너의 인생과 잘 어울리는 단어라며 웃었다. 상냥하게 그런 말을 해 주는 친구들이 나는 아주 많이 그리워질 것 같았다.

호스텔 천장에 남긴 낙서들

마지막 밤만큼은 호스텔의 프로그램을 따라가는 것이 아니라 정들은 호스텔에 있고 싶어서 거실에 앉아 있는데, 알렉스가 내 타투를 보더니 자기도 비슷한 곳에 있다면서 해와 나무 타투를 보여 줬다. 마침 나의 타투는 초승달과 비행기여서 서로 어쩌면 운명인 거 아니냐면서 눈을 마주치며 웃었다. 그러다가 거실 구석진 곳에 영화 테이프를 발견해서 함께 오래된 미국 영화 한 편을 켜서 봤다. 영화의 전부를 이해하기 어려웠으나, 서로의 다리를 베개 삼아 누워서 영화를 보고 간식을 나눠 먹는 우리의 모습이 마치 오래된 친구들처럼 느껴져서 왠지 모르게 몽글몽글한 감정이 느껴졌다.

어쩌면 우리는 영영 다시 못 볼지도 모를 정도로 서로 아주 먼 곳에서 왔지만, 이곳 리스본에서 시간과 공간의 타이밍이 겹쳐 함께 추억을 쌓았으니, 짧은 순간이 인연으로 된 것이라 생각하기로 했다. 어쩌면 또 어디선가 다시 우연한 기회로 마주치게 된다면 우리는 또다시 함께 여행할 기회를 얻게 될 행운을 얻을지도 모르니까 말이다. 그래서 나는 헤어짐을 아쉬워하지 않기로 했다. 리스본을 떠나는 날 아침, 호스텔 건물의 1층 카페에서 아침을 먹다가 배낭 매고 떠나는 나를 보고서 주저 없이 나와서 안아 주며 안전하고 건강하게 여행하라던 친구들의 걱정과 안부가, 나에게 아주 오래 남아 여행의 끝까지 잘 마쳤음을 그들에게 전하고 싶어졌다.

16

론다 : 운수 좋은 날

론다는 스페인을 여행했던 아주 많은 도시 중에 딱 하룻밤 거쳐 갔던 작은 도시였다. 120m의 엘 타호 협곡 사이에 구시가지와 신시가지를 잇는 누에보 다리가 아주 인상적인 곳으로, 누군가는 당일치기로 잠깐 머물다가 가는 그런 여행지였다. 론다에서 하룻밤을 자고 싶었던 이유는, 시골 마을이 선물해 주는 한적한 여유가 필요했기 때문이었다.

세비야에서 버스로 2시간 정도, 꼬불꼬불한 산길을 넘고 탁 트인 들판들을 지나다 보면 그곳에 론다가 있었다. 버스에 내려 배낭을 메고 체크인 시간보다 조금 이른 시간에 예약해 둔 숙소로 향했다. 숙소의 테라스에서 론다의 누에보 다리를 정면으로 즐길 수 있는 곳이었기에 기대하고 있었다. 하지만 내가 예약한 저예산 싱글룸으로는 사실 창문만 열면 누에보 다리가 보일 거라는 기대를 하지 말라는 후기를 봤기에 '일단 짐부터 두자' 하는 마음으로 체크인을 마쳤다. 체크인을 해 주시는 숙소의 아주머니 말로는 싱글룸의 청소가 아직 끝나지 않아서 방 업그레이드를 해 준다고 하셨고, 안내받은 방에 들어가니 침대만 세 개가 되는 트리플 룸이었다. 하지만 침대보다도 더 좋았던 것은, 창문을 열면 바로 이어지는 테라스에 보이는 누에보 다리였다. 여행 중에 얻게 되는 뜻밖의 행운 중에 가장 큰 행운을 얻은 셈이었다.

누에보 다리에서 본 협곡

내게 주어진 론다에서 시간은 매우 짧기에 서둘러서 숙소를 나섰다. 가장 먼저 들린 곳은 작은 마트였는데, 스페인에 머무르는 동안 내가 가장 좋아했던 것은 마트에 있는 커다란 착즙기로 만들어지는 오렌지 주스였다. 원하는 크기의 통을 착즙기의 아래에 두고 기계를 설정하면, 잔뜩 담긴 싱싱한 오렌지가 굴러가면서 착즙되어 통 안을 상큼한 오렌지 주스가 가득 채우는데 주스 안에는 오직 100퍼센트의 오렌지즙만 들어가 있었다. (단 날이 더운 날씨에는 터질 수 있기 때문에 얼른 마셔야 한다.) 막 짜낸 오렌지 주스는 싱싱한 달콤함으로 가득해서, 돈이 전혀 아깝지 않았다. 다음 날 아침에 챙겨 먹을 간식거리와 오렌지 주스를 챙겨서 근처를 산책했는데, 조금 멀리에 일반 주민들이 거주하는 주택가로 접어들었다. 작은 놀이터에 앉아 넓은 들판을 바라보면서 신기하다는 생각이 들었다. 누에보 다리가 아니면, 몇 미터 거리도 되지 않는 곳을 두고 멀리 돌아서 가야 했을 상황이었다. 40년의 공사 끝에 지어진 다리는 사실 처음에 지어진 다리가 무너져 90여 명의 주민들이 사망한 이후 다시 지었다고 했다. 사람의 필요성에 의해 지어진 다리가, 역사가 되어 가는 모습을 지켜보면서, 어쩌면 내가 남기는 이 글도 아주 오랜 시간이 지난 뒤에 하나의 발자국으로 남아 있지 않을까 하는 기대가 생겼다.

론다에서 만난 동행은 총 세 명이었다. 한 분은 당일치기로 오셨기 때문에 점심만 함께 먹기로 했는데, 내가 장기 여행을 하는 것을 흥미롭게 생각해 주시고 이야기도 집중해서 들어주셔서 너무 좋았다. 무엇보다 시간이 길어질수록 사람과 대화하는 것이 매우 소중해졌는데, 여태껏 여행해 온 이야기를 재밌게 들어주시는 것이 얼마나 뿌듯하고 즐거웠는지 모른다. 또한 그렇게 내 이야기를 즐겁게 나눌 정도로 여행이 벌써 반년이나 지나는 시점이라는 게 문득 놀라울 정도였다. 동행과 식사를 마치고 나서, 들어가 있는 스페인 단체 카톡에서 또 다른 누군가 론다에 있는 사람을 찾았고 즉흥적으로 만나서 함께 누에보 다리도 걸어서 건너보고 타파스 바에서 간단하게 맥주와 함께 타파스도 나눠 먹었다.

약간 피곤해진 상태로 즉흥적인 만남을 끝내고 숙소로 들어와 문득 잠에 들었는데, 눈을 뜨니 창문 밖으로 노을 지는 하늘과 누에보 다리가 보였다. 날이 어두워질수록 누에보 다리 근처의 조명과 가로등이 밝아 오기 시작했는데, 바람이 협곡을 타고 꽤 거세게 불었다. 단체 카톡에서 친해진 언니가 마침 숙소 근처에 도착했다고 연락이 왔는데, 언니 역시 나와 같은 숙소에 머물러서 함께 저녁을 먹기로 했었다. 체크인하려고 보니 아무도 없다고 연락이 와서 일단 거실에 앉아 있으라고 문을 열어 주고 함께 간단한 대화를 나누던 와중 숙소 아주머니께 체크인이 가능하다는 연락이 와서 언니는 체크인 하러 가고 나도 나갈 준비를 마치고 함께 저녁을 먹으러 가기로 한 식당으로 향했다. 우리가 가기로 한 식당은 구시가지에 위치한 아주 오래된 식당이었는데, 나오는 음식마다 너무 맛있어서 감탄하면서 먹었다. 주문한 음식 다 맛있었지만 특히 맛있었던 것은 오렌지 주스와 와인을 섞어서 나오는 샹그리아였다. 와인 잔 가득 담겨 나오는 샹그리아의 상큼하고 달달한 맛이 론다에서 보내는 밤을 더 낭만 있게 만들어 주는 기분이었다. 구시가지의 주황색 가로등 불이 오래된 도시를 비추고, 마음 잘 맞는 동행과 함께 저녁을 보내고 나서 숙소로 돌아와 방 안에서 보이는 조명이 비추는 누에보 다리의 풍경까지 너무나 아름다운 하룻밤이었다.

따듯한 방에서 잘 자고 일어나 관광객들이 몰려오기 전의 론다의 풍경이 너무나 평화로워서, 테라스에 앉아 전날 사다 둔 오렌지 주스와 함께 아침을 천천히 누려 봤다. 맨발로 나간 테라스의 타일 바닥이 차갑지만, 기분이 좋아서 론다에서 하루를 머무르길 잘했다는 생각이 절로 들었다. 전날 같이 저녁을 보냈던 언니가 일어났다고 해서 테라스로 내려와 함께 앉아서 우리가 론다에서 하루를 보낸 것이 꿈만 같았다고 이야기하다가 체크아웃시간이 되어 숙소를 나섰다. 언니는 세비야로, 나는 말라가로 가는 행선지가 달라 헤어져야 했지만 서로 여행을 응원했다.

론다의 숙소에서 보이는 누에보 다리

17

메르주가 :
사하라 사막 안에서 별 헤던 밤

스페인의 4월은 꽤 시끌벅적했다. 아무런 생각 없이 다음 여행 계획을 세우다가 부활절 무렵 스페인의 곳곳에서 축제가 열리고 숙소가 매우 비싸진다는 것을 알고 나서는 어떻게 해야 할까 고민이 많았다. 그러다가 스페인에서 페리를 타고 모로코로 넘어갈 수 있다는 것을 알게 되었고, 그래서 갑작스럽지만 모로코를 여행하기로 계획했다.

페리를 타고 탕헤르를 거쳐 모로코를 계획하면서 가장 가고 싶었던 사하라 사막에 당도하는 날, 나는 이미 많이 지쳐 있었다. 왜냐면 내가 있었던 도시에서 사하라 사막이 있는 도시인 메르주가까지 버스로 10시간 정도 이동해야 하는데 야간버스여서 버스에서 잠을 청해야 했기 때문이었다. 피곤함에 찌든 채, 버스에서 내리면 예약해 뒀던 알리네 숙소에서 픽업을 나와 주셔서 같은 숙소를 예약한 몇몇 사람들과 차를 타고 알리네까지 이동했다. 메르주가는 버스가 하루에 한 대나 두 대 오는 마을이어서 숙소에 도착하자마자 체크인도 바로 해 주셨다. 알리네에서 사막 투어도 함께 이용이 가능한데, 나와 같은 날에 체크인한 사람들은 바로 사막 투어를 간다고 해서 나는 너무 피곤해서 투어에 가지 않고 일단 쉬겠다고 하고 방에서 피로가 풀릴 때까지 잠도 자고 씻고 게으르게 누워 있는데 배가 고파서 뭐를 먹나 고민했는데, 원래 모로코가 이슬람 국가여서 숙소 부엌이 오픈된 곳이 없어서 먹지 못하고 배낭에 가지고 다니던 라면을 끓여 먹어도 된다는 후기를 보고 바로 라면을 먹기로 했다.

사하라 사막과 낙타

부엌에 가서 라면 끓여서 나왔는데 한국 여자 두 분이 계셔서 인사하다가 알고 보니 한 분이 세비야에서 함께 호스텔을 사용했던 분이었다. 너무 반가워서 라면 같이 먹겠냐고 제안했더니 너무 좋다고 하셔서 같이 나눠 먹다가 그분들이 사막 안에 카페가 있다는 정보를 주셔서 가 볼까 하는데, 본인들 버스가 오기 전까지 같이 가 보자고 해 주셔서 사막으로 나갔다. 알리네가 사막이랑 바로 붙어 있는 곳이라서 조금만 걸어도 바로 사하라 사막이었는데, 모래바람이 장난 아니어서 까딱하면 온몸이 모래 범벅이 될 것 같았다. 사막에서 모래도 만져 보고 투어 나가기 전에 쉬고 있는 낙타들과 사진도 찍다가 버스가 올 시간이 되었다며 두 사람은 떠나고, 나는 추천 받은 카페에 가기 위해 부지런히 걸어갔다.

'방향도 모르는 사막 위에서 까딱하다가는 길 잃어버리기 쉬울 것 같다' 생각이 들 때쯤, 정말 사막 안에 덩그러니 건물과 함께 야외 좌석이 있는 카페가 하나 나왔다. 아무도 없나 두리번거리고 있는데 오토바이 한 대가 와서 서더니 뭐 원하는 것이 있냐고 물었다. 핫초코가 맛있다고 들었기 때문에 핫초코를 먹고 싶다고 말하니, 만들어 주겠다고 앉아 있으라고 하셨다. 그 상황이 왠지 웃겨서 얼른 나가서 앉아 있었다. 사하라 사막 속에 카페가 있는 것도 웃기고, 거기서 핫초코가 맛있다니 주문하는 나도 웃겼다. 친절한 친구가 만들어 준 핫초코는 두 친구에게 들은 것처럼 또 달콤하니 맛이 좋아서 웃겼다.

핫초코를 마시고 야외의 해먹에 누워 하늘을 멍하니 보다가, 점점 해가 지고 하늘의 색이 보랏빛으로 변해 가는데 사막에서 보는 노을이 처음이라 기분이 묘했다. 카페를 떠나 사막의 모래언덕에 앉아서 노을을 보다 보니 해가 저물면서 모래의 온도가 내려가는 것이 느껴졌다. 햇빛이 있을 때는 그렇게 뜨겁던 모래가 빛이 사라지자마자 차가운 얼음장같이 느껴지는 것이 신기했다. 그런데 사막에서 해가 다 저물어 버리면, 길조차 찾지 못할 것 같아 서둘러 사막을 나와 동네 쪽으로 걸어 나왔다. 숙소에 돌아와서 사막 투어 때 별이 부디 많이 보이길 바라는 마음으로 잠에 들었다.

세상에서 가장 큰 사막, 사하라 사막으로 1박 2일 동안 투어 가는 날이었다. 아침에 일어나니 새벽에 도착한 새로운 사람들이 보였다. 나와 함께 투어를 갈 사람이라고 말해서 어색하게 인사를 나눴다. 1박 동안 함께 지내야 할 사람들이었는데, 다들 한국에서 여행 오신 분들이라서 표현은 잘 못 했지만 속으로는 반가워하고 있었다. 투어를 시작할 시간이 되서 낙타를 타는 곳까지 걸어가서 한 마리씩 올라타게 했는데, 낙타가 무릎 관절이 두 개라는 말을 들어서 그런지 일어나는 순간부터 움직이는 내내 엉덩이와 허리가 박살나는 것 같았다.

사막에서 낙타 타는 것이 굉장한 낭만처럼 느껴졌는데 실제로는 아주 힘겨운 일이라는 것을 배웠다. 덜컹거리는 낙타 위에서 끝없는 사막을 바라보는 느낌은 조금 이상했다. 가이드 해 주는 알리가 사막에 바람이 불면, 몇 시간 전에 보았던 길과 또 다르게 길이 만들어진다고 했다. 그래서 길을 잘 알지 못하면 함부로 사막에 들어오면 안 된다고 했다. 한 시간 정도를 낙타를 타고 들어가면 분화구처럼 움푹 들어간 베이스캠프를 만날 수 있었다. 베이스캠프까지 내려가는 길은 걸어서 가야 한다고 했는데, 땅바닥이 온통 모래여서 움푹 들어가는 발을 열심히 빼 가면서 내려갔다. 베이스캠프에 들어가니 다른 곳에서 투어를 온 친구들을 만날 수 있었는데, 그중 한 독일인 친구가 자기는 고프로에서 일한다고 했다. 고프로에서 일한다는 것이 너무 신기해서 고프로에서 일하면 어떤 복지가 있냐고 물어보니, 새로운 시즌의 고프로 제품을 무상으로 제공받을 수 있다고 했다. 또한 고프로로 영상을 멋지게 찍어 오면 인센티브도 있다는 말에 뭔가 정말 멋진 회사라는 생각이 들었다. 그 친구가 너도 흥미가 있다면 고프로에서 일할 수 있다고 말해 주었다. 내가 일하고 싶다고 일할 수 있는 것이 아니라고 평생 생각해 왔는데, 그런 것은 아무것도 아니라는 듯이 일할 수 있다고 말해 주는 사람들이 신기했다.

먼저 와 있던 친구들과 함께 점심을 먹고 나니 그 친구들은 여기가 베이스캠프가 아니라고 해서 친구들과 작별하고 우리는 사막에서 하고 놀만한 것을 찾아다녔다. 가장 먼저 사막썰매를 탈 수 있는 보드가 있었는데, 올라가는 것이 너무 힘들어서 몇 번 타고 나니 다들 기진맥진해서 누워 있었다. 알리가 노을을 보러 언덕을 올라가자고 해서 올

사하라 사막의 노을

라가는데 모래를 걷으며 올라가는 것이 정말 어려웠다. 겨우 다 올라가서 노을을 보는데, 구름이 많은 날이라서 생각보다 예쁘지 않아 아쉬웠지만, 알리의 스카프를 빌려서 사진도 찍으면서 보다가 내려와서 차려 주는 저녁을 먹으면서 공연도 봤다. 함께 간 사람들 모두 성격이 좋아서 즐겁게 대화를 나누는데 달이 너무 밝아 별을 보기는 어려웠다. 다른 분들은 다 들어가고 남자 한 분과 남아서 달이 저물 때까지 기다리는데 그분도 먼저 잠들어서 들어가서 주무시라고 하고 나는 결국 혼자서 언덕을 올라 별을 봤다.

모두가 잠들고 고요해진 사막의 위로 뜬 수많은 별이 왠지 내가 여태껏 사막에서 보는 별에 대해 상상하던 풍경이라서 눈물이 났다. 사막 위에 나 홀로 남아 산책을 하는 기분이 꽤 근사했다. 사막에서의 하루를 보내기 위해 숙소에서 편하게 쉬고 나오길 잘했다는 생각이 들었다. 몇 시간 전에 걸어 들어온 그 사막과 또 달라진 사막의 능선을 따라 아무도 모르는 밤을 걸었다.

그날 밤에는 누구도 나의 시간을 방해하는 사람이 없었다. 사막 위에 찍힌 사람의 발자국이라고는 내가 걸어온 발자국뿐이라서 더 좋았다. 혼자서 산책하다 보니 모래 위에 고양이 발자국을 발견했다. 이게 진짜 고양이의 발자국일까 궁금했는데, 다음 날 알리에게 물어보니 고양이가 맞다고 했다. 사막 속에서 살아가는 고양이가 있다고. 그 간밤에, 달이 저물어가던 간밤에 내가 정말 좋아하는 별을 원 없이 한가득 봤다. 사막 위에 뜬 별이라고 서울의 별과 다를 바 없겠지만, 그래도 세상에서 가장 넓다고 하는 사하라 사막이라는 특정한 장소 덕분에 조금 더 그 위로 떠오른 별들이 로맨틱해지지 않았을까 하는 생각을 했다. 그렇게 하룻밤 정도는 낭만적으로 소비해도 되는 것, 그것이 내가 끝이 정해지지 않은 길을 떠난 이유일지도 모르겠다.

18

바르셀로나 : 빈티지, 재즈바 그리고 가우디

바르셀로나까지 향하는 길은 매우 험난했다. 그라나다에서 바로 넘어가는 버스표를 구하려고 보니, 내가 처음에 봤었던 가격보다 두 배가 오른 상황이었다. 당황스러운 마음에 이것저것 검색해 보다가 중간에 발렌시아를 경유해서 버스표를 두 개로 나누면 훨씬 저렴하다는 것을 알았다. 경유할 시간도 넉넉하게 30분 정도여서 어차피 버스만 갈아타면 되겠다고 하는 마음으로 버스표를 나눠서 구매했다. 그런데 버스를 탈 때 기사분께 갈아탈 버스의 번호가 똑같은데 갈아타야 하냐고 물어봤더니 버스가 같은 거여서 중간에 경유하는 곳에서 내려서 다시 버스를 탈 필요가 없다고 말해 주셨다. 어쩌면 여행자의 행운 같은 것이었다. 그 덕분에 바르셀로나로 바로 가는 티켓보다 훨씬 저렴하게 이동할 수 있었기 때문이다.

카탈루냐 지방의 핵심 도시인 바르셀로나는 마드리드와 다른 도시 풍경을 가지고 있었다. 발렌시아를 경유했다가 바르셀로나에 도착하니 저녁이었다. 서둘러 숙소로 이동해 체크인하고 자고 일어났더니 바르셀로나를 둘러보기 위해 미리 구했던 동행이 아침부터 너무 무례하게 행동해서 기분이 안 좋아졌다. 동행을 하기로 했으면서 다른 사람과 중복으로 동행을 구해 버려서 자기는 그 사람과 동행하겠다면서 같이 가고 싶으면 너도 껴도 된다는 식으로 말을 해서 같이 가봤자 즐거울 것 같지 않아 동행 안 하기로 했다. 수많은 사람과 함께 여행했지만, 간혹 정말 맞지 않는 사람들도 많이 만났다. 다양한 사람들을 만날 수 있는 장점이 있지만 이렇게 서로에 대한 배려가 부족한 사람을 만나게 되면 체력이 꽤 소모되어 지치게 된다. 그러나 이전에 동행했던 오빠와 일정이 맞아 다시 만났는데, 함께 수다를 떨면서 그런 일이 있었다고 말했더니 여러 사람을 만나다 보면 그럴 수 있다고 해 줬다. 결국 우린 사람으로 받은 상처를 아이러니하게도 사람으로 다시 위로받게 되는 것이었다.

바르셀로나의 밤은 보는 시선에 따라 꽤 낭만적일 수도 있고, 꽤 위험해질 수도 있다. 구엘 공원이 위치한 산에 있는 벙커라는 곳에서 밤마다 사람들이 삼삼오오 모여서 다 함께 야경을 보면서 맥주 한 캔을 마신다는 낭만적인 말을 들어서, 동행을 구해 한번 올라가 보기로 했다. 여자 셋이 모여서 마트에서 각자 원하는 술과 안주를 사서 버스를 타고 올라가니, 해는 이미 저물고 어둠이 찾아온 바르셀로나의 밤이 한눈에 펼쳐졌다. 바르셀로나 사람들 역시 몇 명씩 모여 대화를 나누는 모습에 우리도 자연스럽게 자리를 잡고 앉아서 미리 챙겨 온 술을 열었다. 뭐 특별한 것은 사실 없었다. 바로 앞에 있는 경기장의 불빛이 너무 강해서 사실 눈이 부셨지만, 그래도 타지에서 이렇게 밤을 보낸다는 것이 왠지 기분이 좋았다. (그러나 벙커에서 사고가 많이 나서 내가 떠난 이후로는 야간에 벙커 출입이 금지되었다는 소식을 들었다.)

또 어떤 날의 밤에는 재즈시라는 멋진 재즈바가 있다는 정보를 듣고 친해진 동행과 함께 향했었다. 딱 우리가 간 날이, 운명인지 쿠바 음악을 연주하는 날이랬다. 입구에서 입장료를 지불하면서 프리드링크 티켓 하나를 받았다. 동행과 맥주 하나를 들고 쿠바의 음악이 얼마나 재밌고 즐거운지에 대해 말하다 보니 오늘의 뮤지션이 등장했다. 오랜만에 듣는 쿠바음악에 저절로 신이 나서 그 밤을 즐기지 않을 수가 없었다. 나름 살사도 배워 봤다면서 기억을 더듬어 스텝도 밟아 보고 있으니 함께 간 동행이 그런 것은 어디서 배웠냐고 했다.

'당연히 쿠바지!'라는 말을 던지고 나니 오늘의 이 밤이 나에게는 혹시 모를 위험을 따져 가며 나갈 용기를 내지 않았다면 결코 만날 수 없었을 그런 밤이었다. 그렇다고 두렵고 무서운 마음이 없지는 않았으나, 무서운 마음보다 더 큰 용기 덕분에 나의 낭만은 밤으로부터 나올 수 있었다. 어쩌면 내가 사고 없이 안전하게 여행해야 한다는 생각 때문에 그동안 너무 지레 겁을 먹었던 것이 아닐까 했지만, 그렇게 했기에 여태껏 내가 안전하고 마음이 편했던 것이었다고 마음먹기로 했다. 그렇지만 앞으로는 조금 더 풀어 둔 마음으로 긴장은 덜고 행복은 더한 여행을 해 나가야지.

바르셀로나 시내

나에게 가우디는 워킹투어로 세세한 설명을 듣기 전까지 그저 한 명의 특이한 건축가였다. 아침 일찍부터 집합해야 한다고 하는 장소로 이동하면서 잠시 찾아본 가우디의 작품들과 설명을 읽으면서 나는 어떤 가우디의 작품에 감동하게 될지 기대가 되기 시작했다. 가우디는 자연을 사랑했던 건축가로 유명했는데, 투어가 시작하고 가장 먼저 향했던 곳은 까사비센스라는 곳으로 비센스의 가족들을 위해 가우디가 처음으로 건축에 참여한 작품이라고 했다. 초기의 작품이기 때문에 현재 우리에게 알려진 건물들보다는 조금 더 정형화되어 있는 모습이었다, 그러고선 구엘 공원에 들어갔는데, 원래는 부자들을 위한 주택단지로 지어졌다가 아무도 입주하려고 하지 않아서 공원이 된 웃픈 이야기도 가지고 있었다. 공원 안에서는 다양한 자연주의와 곡선의 미학을 즐길 수 있었는데, 특히 인체와 가장 잘 맞는 곡선으로 만들어진 유선형 의자가 신기했다. 그 후에 들어간 파도 동굴은 구엘 공원을 만들고 남은 돌로 만들었다고 하기 어려울 정도로 자신의 자리에 꼭 맞는 모습으로 들어가 있어서 내부에서 바라보는 모습이 참 재밌었다.

그 외에도 다양한 작품들을 봤지만 내가 가장 감동했던 곳은 역시나 모두가 사랑하는 사그라다 파밀리아, 성가족 성당이었다. 사그라다 파밀리아로 이동하기 위해서 지하철에 탑승했는데, 바로 앞에 함께 다니던 투어 일행이 실제로 소매치기당할 뻔했다. 어차피 소매치기를 대비해서 아무것도 들고 나온 것이 없는 나는 '역시 듣던 소문대로 소매치기가 많구나' 생각했지만, 함께 다니던 모두가 가방을 한 번 더 정비하게 되는 순간이기도 했다. 잠깐의 헤프닝이 지나가고 역에서 올라와 잠시 앞만 보고 걸어가라고 가이드님이 말해 주셔서 걷다가 중간에 멈춰서 뒤돌아서라고 할 때 뒤도니까 한눈에 들어오는 사그라다 파밀리아의 모습에 왠지 모를 감동이 올라왔다. 성당의 바깥에서 한 바퀴 돌면서 내부는 입장하지 않고 외관에 관해 설명을 해 주시는데, 가우디가 일생을 바쳐 글을 모르는 시민들을 위해 성경의 일부분을 조각으로 새겼다는 것과 조각으로 새긴 얼굴들이 동네의 익숙한 사람들의 얼굴을 따다가 만들었다는 설명까지 듣고 눈물이 났다. 자연과 사람을 위한 건축가로, 이 사람이 여태까지 사랑받는 이유를 너무나 잘 알 것 같은 기분이 들었다.

나 역시 누군가를 위해 그렇게 상냥한 마음을 담아 글을 적거나, 무엇을 만들어 본 적이 있기 때문일지 모르겠다. 살아생전에는 그렇게나 사랑받지 못했지만, 결국 후세에서는 너무나 자랑스러운 인물이 된 그의 작품들을 또다시 만나러 오고 싶다는 생각이 들었다. 언젠가는 아직도 공사 중인 사그라다 파밀리아가 완공되고 나서 꼭 내부와 외부 전부를 차분한 마음으로 둘러보고 싶다는 목표가 생긴 날이었다.

19

볼다 : 만남이 인연이 되어 찾아간 일주일의 노르웨이

노르웨이 어느 피요르드 산맥의 사이에 위치한 볼다라는 작고 귀여운 마을에 가게 된 이유부터 말해 볼까 한다. 스페인 세비야를 여행할 당시 저녁을 먹기 위해 구했던 동행으로 만나게 된 동생이 자신이 교환학생으로 지내고 있는 도시로 놀러 오라고 했다. 그곳이 내가 살면서 어쩌면 한 번도 가 볼 생각조차 해 보지 못했을 볼다를 가게 된 이유였다. 동생은 내가 진짜로 볼다로 여행 간다고 할지 몰랐을 수도 있다. 하지만 볼다에 대해 검색해 보고선, 너무나 매력적인 마을의 풍경에 물가 비싼 노르웨이 여행을 계획할 엄두도 나지 않았던 나에게 용기를 주었다. 때마침 유럽에서 청소년으로 인정되는 나이가 간당간당하게 맞아 들어가서 볼다로 들어가는 비행기를 조금 저렴하게 구매할 수 있었다. 비록 그러기 위해서는 오슬로 공항에서 열몇 시간씩 노숙해야 했지만, 그것조차 재밌을 것 같았다. 일단 동생에게 일정이 언제쯤 비는지 체크하고, 맞춰서 비행기를 잡다 보니 일주일 정도 노르웨이로 가는 일정이 완성되었다.

노르웨이로 가기 위해 네덜란드를 경유했는데, 때마침 쾨켄호프 튤립 축제하는 기간과 겹쳐서 구경할 기회가 생겼다. 노르웨이로 가는 여정의 시작부터 타이밍이 아주 잘 맞았다. 암스테르담에서 오슬로까지는 1시간 정도 날아가면 되는데, 오슬로에서 볼다까지 가는 비행기를 타기 위해 노숙해야 하는 시간이 17시간이었다. 원래 시내로 나가서 여행할까 했지만, 숙소 값과 오가는 비용을 감안하니 너무 비싸서 빠르게 포기하고 노숙을 선택했다. 출국장으로 나와서 입국장으로 올라가 누워 있을 자리를 찾는데, 그동안 운이 좋아 공항 노숙이 처음이라는 것을 깨닫고선 내 여행에 얼마나 행운이 많았는가를 느끼면서 의자 한구석에 자리 잡고 누웠다. 밤은 왜 그렇게도 긴지, 시간은 더디게 흘렀지만 나름 눈을 붙이고 나서 분주해진 공항의 분위기에 일어나 아침 일찍 오픈한 버거킹에서 버거 세트 하나에 3만원 하는 것을 보고 햄버거만 하나 시켜서 먹었다.

드디어 체크인 시간이 돼서 셀프로 백드랍을 해야 하기에 짐을 보내다가 바코드 찍고 나서 택을 붙이기 전에 짐이 이동해 버려서 서둘러 창구에 말해서 겨우 택을 붙이고 우여곡절 끝에 국내선 타러 이동하는데, 그 와중에 또 백드랍하는 곳에다가 탑승권과 수화물 영수증도 두고 가 버려서 직원께서 달려와서 챙겨주셨다. 공항 노숙이 이렇게 사람을 피곤하게 만드는 걸까 생각하며 전광판을 보니 비행기가 결항으로 표시되어 있어서 너무 당황스러웠는데, 다행히 다른 비행기로 변경되어 탑승 시작이 떠서 안심했다. 볼다 한 번 가는 것이 참 어렵다 느꼈는데, 볼다를 가기 위해서는 일주일에 두 번 정도 있는 비행기를 타고 가야 해서 그럴 수 있다고 생각했다.

볼다에 못 들어갈까 봐 걱정하던 마음을 뒤로하고 드디어 볼다에 도착해 동생이 지내고 있는 기숙사로 가기 위해선 공항 바로 앞에 있는 버스 정류장에서 버스를 타고 마을 안으로 이동해야 했다. 공항을 벗어나 버스 정류장으로 이동하는데 눈이 오기에 "와~ 5월에 눈이라니 내가 진짜 북유럽에 오긴 했구나."라는 감탄이 저절로 나왔다. 근데 또 눈뿐만 아니라 바람이 갑자기 미친 듯이 불어서 서둘러 버스 정류장 안으로 들어갔는데, 문이 개방되어 있어 바람과 함께 눈이 계속 들어왔다. 다행히 버스가 금방 와서 버스를 타고 마을 안으로 들어갔는데, 동생이 마중 나와 줘서 얼마나 반가웠는지 모르겠다. 동생의 기숙사 방에다가 가방을 두고 바로 학교에서 열리는 인터내셔널 나이트에 가서 간단한 핑거 푸드도 먹고, 교환학생들끼리 모여서 어떻게 시간을 보내는지도 구경하다가 따듯한 방으로 돌아올 수 있었다. 동생이랑 한 달 정도 못 봤던 사이에 어떤 여행을 했는지 이야기하다가 잠에 들었는지도 모르게 잠에 들었다.

다음 날 아침에 드디어 대자연을 구경할 수 있을까 했지만, 비가 온다는 말에 그냥 더 누워 있기로 했다. 누워 있다가 배가 고파져서 부엌으로 나가서 바깥을 보니 눈이 오고 있었다. 종잡을 수 없는 날씨에 우리는 기숙사에서 벗어날 수 없는 걸까 하고 있는데, 다행히 조금씩 그쳐 가는 날씨에 아침으로 브라운 치즈를 올린 구운 토스트를 먹었다. 그러고 나서 강가 쪽으로 걸어가서 산책하다가 날씨가 더 제멋대로 날뛰기 전에 얼른 식량을 구비해 두기로 했다. 마트에 가서 장을 보는데, 4일 치 식재료 등 장 본 것만 15만 원 정도가 나와서 새삼 북유럽 물가가 와닿아 말을 잇지 못했다. 그래도 숙박비가 없기 때문에 그것을 위안으로 삼아 장 본 것들과 함께 다시 기숙사로 돌아와서 동생이 먹고 싶었다던 비빔면에 삼겹살을 구워서 같이 배부르게 먹고 영화도 보다가 하루가 뚝딱 지나가 버렸다.

볼다의 풍경

동생과 친하게 지내는 노르웨이 친구가 한국 문화에 관심이 많다고 해서 다음 날 점심을 함께해도 되냐고 묻기에, 너무 좋다고 했다. 갑자기 생긴 손님을 위해 아침부터 부지런히 백숙을 요리하기 시작했다. 다행히 시간에 맞게 완성할 수 있었고 함께 식사를 나누면서 다양한 한국 문화에 대한 이야기를 나눌 수 있어 너무 좋았다. 밥 먹고 나서 노르웨이 친구는 다른 일정이 있어 먼저 자리를 나섰고, 나와 동생은 비가 오지 않기에 서둘러 호수가 있는 곳으로 산책을 다녀왔다. 노르웨이까지 와서 관광지를 가지 않고 그저 쉬고, 산책하고, 맛있는 것을 만들어 먹기만 해도 될까 하는 생각이 잠시 들었지만, 목적이 있는 여행에서 잠시 벗어나 살듯이 여행한다는 것을 배워 가는 것 같아서 나에게는 아깝지 않은 시간이었다.

그 풍경이 아름답다는 볼다에서 맑은 날씨 한번을 못 보고 떠나나 했던 하루하루가 지나, 떠나기 전날 드디어 창으로 비치는 햇살에 동생과 신나게 일어났던 아침이었다. 급하게 변하는 날씨를 알아 버린 탓에, 서둘러서 바질 페스토로 만든 냉 파스타와 훈제 연어, 구운 식빵과 잼을 챙겨 호숫가로 나섰다. 햇살이 비치는 산책로에 걸어가는 내내 '우리의 하루가 이렇게 행복할 수 있을까' 하는 마음으로 걸음을 재촉했다. 호숫가에 있는 벤치에 자리를 잡고, 준비했던 음식들을 꺼내 윤슬이 반짝이는 호수와 그 주변 둘레 길을 뒤뚱거리며 걸어 다니는 오리들, 산봉우리에 흰 모자를 쓴 산을 둘러보며 브런치를 즐겼다. 동생이 사진을 찍어 주겠다고 해서 오리 근처에 앉았는데, 한 오리가 너무 적극적으로 다가와서 순수한 오리의 눈에 웃어 버리고 말았던 날이었다. 점점 해가 산 쪽과 가까워지며 그늘이 깊어졌고, 추워지기 시작해서 챙겨 갔던 짐을 잘 정리해서 기숙사로 돌아왔다. 타이밍 좋게 맑은 날씨를 선물해 준 볼다가 그렇게 고마울 수가 없었다. 딱 떠나기 전날 그렇게 행복한 호숫가의 소풍을 경험할 수 있었다니 나는 정말 행운의 여행자였다.

며칠을 함께 좋은 시간을 보냈던 동생과 나중을 기약하며 떠나기 전날 밤에 서로의 깊은 이야기를 나눴다. 나는 우리가 또 어딘가 길 위에서 다시 마주칠 것 같다고 말했다. 떠나는 날은 서둘러서 나의 발걸음을 다시 또 길 위로 불러들였지만, 더 이상의 지친 마음은 없었다. 볼다에서의 깊은 휴식이 선물해 준 건강한 마음이었다. 떠나는 날까지 아쉽지 않게 우리는 강가로 나가 북유럽을 여행했다는 증표로 엽서를 사고, 요트 정박지로 나가 건너편의 피요르드를 구경했다.

이제 떠나야 할 시간이 되어 버스정류장으로 함께 배웅 나와 준 동생에게 손을 꼭 잡고 고맙다는 말을 건넨 다음, 다시 볼다의 작은 공항으로 이동했다. 처음 탔을 때는 너무나 당황스러웠던 작은 비행기 안의 자유석에 자연스럽게 앉아 가볍게 날아오른 하늘 위에서 바라본 노르웨이의 눈 쌓인 산을 보면서 눈물이 났다. 그 며칠 사이에 사람에게든 자연에서든 정이 깊게 들었는지, 살면서 어쩌면 다시는 갈 일이 없을지도 모를 볼다에게 나에게 편안한 휴식을 주어 고맙다고 속으로 말하며 나의 눈 안에 가득 풍경을 담고 떠났다.

20

잘츠부르크 :
비에 젖은 모차르트와 〈사운드 오브 뮤직〉

사실 나는 동유럽을 오래 여행할 생각은 없었다. '이미 엄마와 함께 한번 여행을 해 봤던 큰 도시들은 잠시 스치듯 들리자'는 생각밖에 없었지만, 그중에 가장 다시 가고 싶었던 곳은 오스트리아의 잘츠부르크였다. 누군가에게는 모차르트의 생가가 있는 곳이고, 또 누군가에게는 〈사운드 오브 뮤직〉의 촬영지였던 도시. 그래서 내가 머물던 호스텔의 저녁에는 다 같이 모여 〈사운드 오브 뮤직〉을 보는 프로그램도 있었다. 비엔나를 거쳐 잘츠부르크에 도착했더니 비가 많이 내렸다. 춥고 서늘한 날씨에 누군가는 아쉬워할 것이 분명했지만, 나에게는 다행히도 두 번째 오는 여행지라서 비 오는 풍경이 색다르게 다가왔다.

서둘러 체크인을 마치고 동행을 구해 유명하다는 아우구스티너 수도원으로 맥주를 마시러 갔다. 우산을 쓰고 수도원으로 걸어가는 와중에 다리 위에서 보이는 비에 젖은 도시의 풍경에 잠시 넋을 잃기도 했다. 묘하게 매력적인 비 오는 풍경이 또 긍정적으로 다가왔다. 수도원에 가까워지는 와중에 왜 수도원에서 맥주를 파는지 찾아봤더니 아우구스티너 수도원이 먼저 생겼고 그 앞에서 맥주를 양조해서 직접 팔기 시작했는데, 맥주가 더 유명해져서 수도원은 없어지고 맥주

비가 내리던 잘츠부르크의 잘자흐강

가게만 남았다는 그런 아이러니한 역사를 찾을 수 있었다. 수도원 건물 내부로 들어가자마자 시끌벅적하게 사람들이 다들 큰 맥주잔을 들고 안주와 함께 즐기면서 시간을 보내는 것을 보자마자 진정한 맥주의 나라에 온 것 같아서 괜히 신나기 시작했다. 동행과 함께 먹고 싶은 맥주잔을 골라 맥주와 안주를 사 들고, 나누지 못했던 새로운 이야기들로 시간을 함께 보냈다. 날이 점점 어두워져서 얼른 각자의 숙소로 돌아가기로 하고 헤어졌다.

숙소에 돌아오니 때마침 〈사운드 오브 뮤직〉 시청 프로그램을 진행하고 있다며 친절한 스텝 친구가 알려 줘서 시청각실처럼 생긴 방에 옹기종기 모인 사람들 사이에 껴서 영화를 시청했다. 하지만 영어로만 나오는 영화에 금방 싫증이 나 버리기도 했고, 비를 맞고 돌아온 상태여서 방으로 돌아가 씻고 조금 일찍 하루를 마무리하기로 결정했다.

계속해서 내리는 빗줄기가 야속했기에, 침대 밖으로 나가기가 너무나 힘든 날이었다. 그렇다고 나에게 허락된 딱 하루의 잘츠부르크를 그냥 보내기 아쉬웠기 때문에 침대에서 벗어나 준비하고 일단 미라벨 정원으로 출발했다. 비가 오는 날씨에 길 위의 관광객도 하나 보이지 않았다. 순간 저번에 내가 왔던 곳이 맞을까 생각이 들 정도였지만, 그래도 정원을 한 바퀴 산책하고 나서 길을 따라 모차르트 생가로 이동했다. 내부에 들어가 보지 않았기에 안에 들어가서 생가를 이렇게 보존하고 있구나 하면서 구경한 뒤 점심을 먹으면서 어디를 가야 할까 고민했다. 그러다가 〈사운드 오브 뮤직〉에서 대령의 저택으로 사용된 호텔이 걸어서 30분 거리라는 것을 알게 되었고, 그곳에 가 보기로 했다.

가는 길이 이게 맞나 싶은 마음이 들 정도로 외진 시골길을 지나가는데, 오랜 친구에게 전화가 왔다. 전화 통화를 하는 내내 그간 못 나눴던 이야기를 하는데 문득 한국에 있는 소중한 사람들이 생각나기 시작했다. 서로가 했던 여행에 대해서도 수다 떨고 또 꽤 힘들었던 일상도 나눴다. 문득 마음을 두고 웃고 떠들 수 있는 사람들이 그리운 날이었다. 호수에 도착해 보니 대령의 저택은 호텔로 사용되어 외부인이 들어가 볼 수 없었지만, 그 앞에 위치한 호수를 따라 산책로가 있어 산책로 따라 걸어볼 수 있었다. 건너편으로 가니 저택의 풍경이 한눈에 들어왔다. 빗방울을 따라 일렁이는 호수에 비친 저택은 짙은 초록의 나무에게 둘러싸여 있었다.

〈사운드 오브 뮤직〉에서 가장 좋아하는 장면이 생각나는 순간이었다. 마음을 열지 못하던 아이들과 가까워진 마리아선생님이 뱃놀이 하다가 물에 빠진 아이들이 아이답게 순수한 행복으로 가득한 표정으로 장난치던 장면이었다. 하필 내가 여행하는 곳에 비가 많이 오고, 이미 한번 유명했던 관광지를 둘러봤던 곳이었기에 여유를 가지고 가 볼 수 있었던 장소였다. 여행 중에 만나게 된 우연을 사랑하게 된 순간이었다. 계획대로 만들어지는 여행도 너무 좋지만, 나는 여행이 만든 변수로 인해 생기는 우연이 즐거워졌다. 그것이 나를 힘들게 하고, 조금 더 돌아가야 하는 상황이 될지라도 여행이기 때문에 그것이 나를 낙담하게 만들지 못한다는 것을 이제 나는 안다.

레오폴드스크론 호수와 호텔 슐로스

21

베를린 : HIP을 찾아서

누군가 유럽에서 어떤 도시가 가장 인상 깊었냐는 질문을 던진다면, 나는 바로 베를린이라고 즉답할 수 있다. 멋진 도시들이 유럽에는 너무나 많다는 것을 알지만, 내가 경험한 도시 중에서 가장 힙하다는 단어가 잘 어울리는 곳이었다. 보통 호스텔의 도미토리는 이 층 침대가 약간 디폴트 값처럼 정해져 있는데, 이번에 내가 예약한 베를린 호스텔의 배정된 방은 가장 높은 층의 싱글 침대로 아주 만족스러웠다. 누군가의 움직임에 예민해질 필요도 없고, 내가 누군가에게 피해를 줄까 걱정하지 않아도 되기 때문이었다. 도심과 조금 먼 거리였지만, 대중교통이 잘 되어 있어 걱정할 필요가 없었다.

베를린의 첫 날씨는 비가 오고 추운 날씨였지만 그렇다고 그날의 날씨로 내 기분을 망칠 필요는 없었다. 베를린을 여행하기 위해 함께 다닐 동행을 구했는데 성격이 정말 좋아서 우리는 금세 친해질 수 있었다. 동행과 식물이 가게 전체에 장식되어 있는 카페에서 처음 만나 브런치를 즐기고, 내가 유럽에서 제일 즐거워했던 빈티지 샵 아이쇼핑을 했다. (어차피 짐이 한정적이라 마구잡이로 살 수는 없었지만 나라마다 다양한 느낌의 빈티지 샵을 구경하는건 즐거운 일이었다.) 베를린에는 멋지고 다양한 것을 취급하는 빈티지 샵이 정말 많았는데, 정말 삶이 녹아든 중고품 가게도 있었고, 멋들어진 색감과 옷들을 모아 둔 가게도 있었다. 몇 개의 가게를 구경한 다음에는 베를린에 있는 3대 카페를 하나 갔었는데, 3대 카페로 칭해지는 카페도 물론 좋았지만, 베를린에는 3대 카페뿐만 아니라 또 다른 매력을 가진 카페들이 정말 많아서 굳이 그런 곳에 메여 다닐 필요는 없겠다는 생각이 들었다. 비록 날씨가 흐려서 아쉬웠지만, 나에게 주어진 베를린의 시간은 한정적이라는 생각에 조금 더 긍정적으로 이 도시를 즐기기로 마음을 먹었다.

다음 날 아침에 눈을 뜨니 방의 천장으로 보이는 맑은 하늘에 갑자기 심장이 뛰기 시작했다. 맑은 날씨를 만난다는 것이 이렇게 반가울 일인가 싶었지만, 그런데도 맑은 날이 좋은 것은 전 세계의 모든 사람의 공통점 아닐까? 전날 동행 했던 언니와 형제의 키스를 보기 위해 이스트 사이드 갤러리에서 만나기로 약속을 잡고 가장 좋아하는 파란색의 치마를 꺼내 입었다. 언니와 만나서 함께 갤러리를 둘러보는데, 유명한 형제의 키스만 있는 것이 아니라 다양한 벽화들이 오래전 베를린을 둘로 나눴었던 장벽에 가득한 것을 보면서 기분이 이상했다. 우리나라 역시 분단의 아픔을 여전히 안고 살아가고 있어서 그런지, 나는 전쟁의 시대를 산 것도 아닌데도 그 벽화들에 대해 왠지 모를 공감이 생겼던 것 같다. 내가 어렸을 때는 통일에 대한 더 다양한 바람이 있었던 것 같았는데, 시간이 지날수록 통일에 대한 마음은 사라지고 '이제는 각각 하나의 나라로 인정받아야 하지 않을까?'라는 의견이 더 많아진 것 같아서 그랬을지도 모르겠다.

오버바움 다리 앞에서

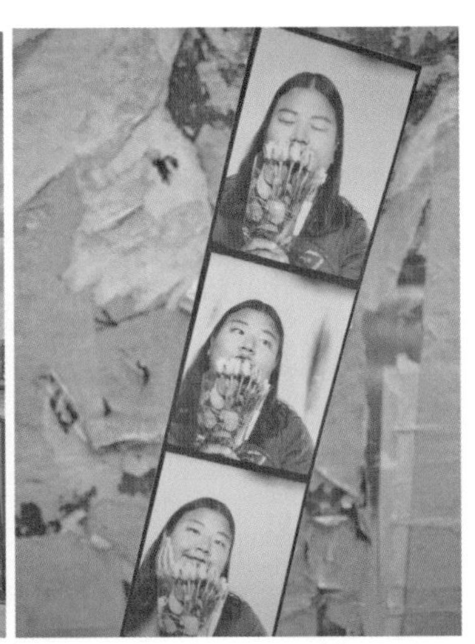

즉석 사진기계에서 찍은 사진

복잡해진 생각들로 가득한 머리를 쉬기 위해 언니와 걸어서 오버바움 다리를 건너는데, 붉게 지어진 다리의 기둥들이 파란 하늘과 무척이나 잘 어울려서 걸어 다니기만 해도 베를린을 여행하는 기분이 물씬 들었다. 점심을 먹고 나서 물을 사고 싶다는 언니의 말에 마트에 잠시 들렀는데 보이는 분홍색 장미 다발이 시선을 자꾸 사로잡아서 한 묶음을 샀다. 나의 여행은 한마디로 내가 하고 싶고, 행복할 일만 하는 것이라고 말할 수 있을 것 같다. 이날이 내가 좋아하는 것들만 했던 날이라서 이날을 기점으로 베를린이 유럽의 최애 도시가 되었던 것 같다. 부지런히 걷다가 동행이 발견한 즉석 사진기계에서 각자 사진을 찍자고 제안했다. 우리는 기계에 한 사람씩 들어가 2유로짜리 사진을 찍었는데, 단돈 2유로에 행복한 나의 모습을 남길 수 있었다. 흑백으로 인화된 사진은 막 뽑은 필름 사진처럼, 따듯하고 촉촉해서 오래된 필름 카메라로 찍은 필름을 인화한 기분이 들었다. (동행과 농담으로 누가 기계 안에서 그때그때 인화해 주고 있는게 아닐까라고 말했다.) 그 사진 안에 들어 있는 장미를 들고 행복해하는 나도 많은 것이 없어도 충분한 것 같아서 좋았다.

카페에서 쉬다가, 베를린 돔에서 내 오랜 호주 친구를 오랜만에 만났다. 호주 친구는 베를린에서 혼자 대학에 다니며 지내고 있었는데, 문득 친구에게 얼마나 더 해외에서 살고 싶냐고 물었다. 친구는 자신의 목표를 이야기해 줬는데, 언젠가 한국에 돌아갈 생각이지만 아직은 배우고 싶은 것도 많고, 하고 싶은 것도 많아 해외에서 살아가는 것을 계속 이어 가고 싶다고 말했다. 나는 나 혼자서 해외에서 살아간다는 것을 상상하기가 어려운데, 친구는 맑은 얼굴로 자신의 삶을 멋지게 만들어 가는 것 같아 그저 멋지다고 생각했다. 나와 다른 삶을 살아가는 모든 이들에게 항상 존중과 존경을 담아 두는데, 자신의 삶을 멋지게 설계해 살아 내는 사람들이 얼마나 멋지게 보이는지 꼭 알았으면 좋겠다.

베를린의 시간은 빠르게 지나 떠나는 날이 다가왔다. 호스텔에 짐을 맡겨 둔 채, 주말이면 어김없이 베를린의 곳곳에 열리는 플리마켓을 찾아 떠났다. 구글 지도에 플리마켓이라고 검색하면 내가 위치한 곳 주변에 열리는 플리마켓을 알려 주는데, 그중에서 가장 가까운 플리마켓을 먼저 들렀다. 탁 트인 공원에 주변 동네에서 모인 사람들로 북적거리는 분위기에 사람 사는 냄새가 나는 것 같았다. 그동안 플리마켓이나 빈티지 샵을 열심히 돌아다녔던 이유가, 멋진 필름 카메라를 하나 사고 싶다는 생각이 있었기 때문이었다.

그리고 처음 갔던 그 플리마켓에서 운명적으로 필름 카메라를 모아 둔 부스를 찾았다. 어떤 카메라가 사용하기 좋을까 하면서 하나를 들었는데, 왠지 손에 착 감기는 카메라의 바디에 가격을 물었더니

어느 공원에서 열린 플리마켓

내가 생각했던 가격보다 훨씬 저렴한 가격이었다. 5유로의 필름 카메라를 들고 간단하게 인터넷에 검색했더니 마침 필름 카메라를 잘 다

루지 못하는 사람을 위한 자동 필름 카메라라는 설명에 바로 구입하기로 했다. 판매하시는 아저씨의 손에 5유로를 쥐여 드리고, 카메라를 들고 건전지를 판매하는 곳을 찾아 바로 켜 봤더니 찰칵거리며 돌아가는 소리가 마음에 들었다. 필름 카메라를 구입하면 여행하는 풍경들을 찍을 생각에 미리 구입해 뒀던 필름을 넣고 내가 카메라를 구입했던 마켓의 사진을 가장 먼저 담았다. 이게 잘 인화가 될지 확실하지 않았지만, 카메라와 나는 이미 운명공동체가 된 것이기 때문에 그것을 의심하지 않기로 했다.

첫 마켓에서 우연한 득템을 하고 나서 여러 개의 마켓을 돌아봤지만, 마음에 드는 것들을 보아도 쉽사리 구매를 결정할 수 없었던 이유는 이미 무겁게 짐을 들고 다니고 있기 때문이었다. 돌아다니다 보니 허기가 지기 시작해서 한국식 치킨을 팔고 있다는 식당을 찾아서 치킨도 맛있게 먹은 다음, 카페에서 새로 산 필름 카메라에 대해서 찾아보고 사용해 보다가 베를린 돔에 가서 앉아 지나가는 사람들을 구경했다. 때마침 비눗방울을 커다랗게 만들어 주는 아저씨가 있었는데, 근처에 있는 아이들이 모여 비눗방울을 잡으려고 뛰어다니며 까르르 웃는 소리가 너무 순수하게 들려서 괜히 마음이 몽글해졌다. 날씨도 때마침 햇볕도 따듯하고, 구름도 둥둥 자유롭게 떠다니는 풍경에 나는 여행의 의미를 하나 더 찾았다. 나에게 정말 아름다운 기억으로 남을 베를린은 그렇게 마지막 페이지를 완벽하게 넘기게 해 주었다.

22

바르샤바 :
외로움은 위로를 찾고

그단스크를 지나 도착한 수도 바르샤바는 그동안 쉴 틈 없이 달려온 나에게 쉼을 선물하기 위해 개인실을 예약했기 때문에 기대가 되는 도시였다. 버스에서 내려 숙소를 찾아 도심을 헤매다가 겨우 찾아서 들어간 나의 방은 작은 테라스가 있는 멋진 곳이었다. 옆에 머무는 다른 방 친구도 잠깐 마주칠 기회가 있었는데, 친절한 미소가 인상에 남았다.

숙소에 가방을 두고 시내를 둘러보기 위해 나갔는데, 신호등이 별로 없고 지하로 이동해야 하는 길이 많아서 자칫하면 길을 잃어버리기 쉬울 것 같았다. 저녁에 함께 폴란드식 음식을 먹기로 한 동행을 만나기 전까지 시간이 넉넉해 구시가지를 걸어 다니면서 폴란드의 옛날이 이렇게 남아 있구나 하면서 옛 모습을 상상해 봤다. 그러다가 약속 시간이 되어 동행과 만나 폴란드 식당에 방문해서 메뉴를 보는데, 독일이나 체코와 닿아 있어 음식이 비슷비슷하다고 느꼈다. 그렇지만 폴란드식 만두인 피에로기는 정말 맛있었다. 식당의 인테리어나 직원들의 복장이 전통적이었는데 그래서 더 폴란드에 온 기분이 났다. 많은 사람들이 식당에서 밥을 먹고 이야기를 나누고 있어 사람 냄새 나는 느낌이라 더 즐겁게 식사할 수 있었다.

문화과학궁전의 루프탑에서 본 바르샤바

동행과 그냥 바로 헤어지기는 너무 아쉬우니 구경할 만한 관광지를 찾아가 보자고 했고, 문화과학궁전이 떠올라 올라가서 노을을 보기로 했다. 타이밍 좋게도 문을 닫기 바로 직전에 입장할 수 있어 문화과학궁전 루프탑으로 올라가서 노을이 지는 바르샤바의 도시 풍경을 감상할 수 있었다. 푸른 하늘이 주황색으로 물들기 시작하면서 하늘의 경계가 뚜렷해지기 시작했다. 도시의 사람들은 분주하게 집으로 돌아가는 발걸음을 재촉하고, 길가의 가로등에 켜지는 주황색의 불빛이 길을 밝혀 주면 이 도시의 이방인은 나뿐인 것만 같았다. 이날부터 왠지 모를 외로움이란 감정이 그 풍경에 담기기 시작했던 것 같다.

바르샤바의 시내에는 쇼팽 박물관이 있는데, 쇼팽이 폴란드가 고향인 것을 처음 알았다. 박물관이나 미술관을 좋아하는 나에게 딱 맞는 장소여서 들어가려고 보니, 운이 좋게도 입장료가 무료인 날이었다. 2층으로 올라가 내부 관람을 시작했는데, 쇼팽의 생애를 다룬 전시물들을 둘러보면서 쇼팽이 작곡한 음악이 나오는 것이 정말 좋았다. 가장 인상이 깊었던 장소는 지하에 위치한 음악을 감상하는 곳이었는데, 쇼팽이 작곡한 다양한 음악들을 생생하게 들어볼 수 있어 너무 좋았다. 특히나 왈츠가 그날따라 더 아름답게 들렸는데, 맑은 날씨와 무척 잘 어울리는 음악이라서 그랬던 것 같다.

편안한 분위기의 박물관을 나와 블로그에서 얻은 정보대로 택배를 보내러 갔다. 그동안 기념으로 모아 뒀던 티켓들과 다양한 기념품들이 꽤 많이 쌓여서 짐이 되고 있었기 때문이었다. 폴란드가 택배비가 저렴하다는 소식을 듣고서, 폴란드를 여행할 때 한 번은 보내야겠다고 생각하고 있었고, 그런 김에 한국에 돌아가서 사용할 예쁜 그릇도 몇 개 구입했다. 폴란드에서 만드는 도자기는 사람이 직접 그린 패턴들이 섬세하게 있어 선물하기도 참 좋다. 몇 개는 부모님께 선물하고, 몇 개는 내가 독립할 때쯤에 잘 사용해 보려고 다양하게 골라 봤다. 그릇을 잘 포장해 주신 덕분에 박스로 보내야 할 물건들과 함께 택배를 보냈더니 다른 나라에서 보냈던 택배보다 확실히 저렴하게 나와서 기분이 아주 좋았다. 가난한 배낭 여행자에게 저렴한 것은 항상 고마운 일이니까.

택배를 보낸 다음 저녁을 챙겨서 먹고 피로해진 몸을 이끌고 이른 저녁 숙소로 돌아왔다. 그날이 마침 금요일이라서 숙소 근처의 식당가가 활발하게 북적였는데, 사람들이 친구 혹은 가족들과 함께 즐겁게 보내는 소리를 들으면서 괜히 마음이 크게 울적해졌다. 테라스에 앉아 밤하늘을 보다가 눈물이 났다. 그동안은 사람들과 함께 공유해야 하는 숙소였기에 마음을 놓고 약한 모습을 보이지 못했지만, 온전히 나를 위한 방에서는 그것이 가능했다. 엉엉 울면서 한국에 있는 그리운 사람들을 생각했다. 그리운 이들에게조차 마음을 표현할 수 없어 더 그리워졌다. 말을 해 보아도 닿을 수 없는 먼 거리가 나에게 힘이 되진 않을 것 같다는 생각이 들었기 때문이었다. 이것은 온전하게 내가 이겨 내야 할 감정이었다. 혼자서 여행하는 나에게 많은 이들이 물었었다. 외롭거나 고독한 적이 없었냐는 말에 나는 사실 여행하는 매 순간이 외롭고 고독했다고 말하고 싶었다. 잠시 스쳐 가는 새로운 인연이 아니라, 오랫동안 함께해 온 나의 사람들이 그리웠다. 그렇지만 내가 이 감정을 이겨 내지 못한다면, 나는 이 여행을 내가 원할 때 그만둘 수 없을 것 같다는 생각이 들었다. 나는 여행이 내가 충분할 때 끝점을 찍길 바랐다. 다행히 한번 확 쏟아 낸 감정의 파도에서 나를 다시 건져 올릴 수 있었다.

바르샤바가 특별해진 이유는, 나의 외로움을 표현하지 못하다가 눈치 보지 않고 마음껏 감정을 쏟아 낼 수 있었기 때문이다. 머물러야 하는 숙소에서 나만을 위한 공간이 있다는 것이 얼마나 마음을 편하게 만들어 주는지 이번에 알았다. 내가 개인실을 예약했던 것도 그런 필요성을 내가 모르는 사이에 느끼고 있었기 때문이었으리라. 장기 여행은 몸과 정신의 건강이 무척이나 중요하다. 가난한 배낭여행자여도, 한 번씩은 꼭 긴장을 내려놓고 쉴 수 있게 해 주어야 지치지 않는다. 오래 여행하고 싶다면, 누구보다 예민하게 몸과 정신의 상태를 체크해 줄 필요가 있다. 벌써 여행을 한 지도 8개월이 되어 가고 있다. 여행에서 많은 것들을 배우고 알아 가고 있으니 '세상은 큰 교과서와도 같다'라는 말이 유난히 와닿는 순간이었다.

23

오시비앵침 :
역사를 잊은 민족에게 미래는 없다

크라쿠프라는 도시를 알게 된 것은, 오시비앵침을 보러 가기에 좋은 위치였기 때문이었다. 오시비앵침, 독일어로 하면 아우슈비츠라는 이름의 도시는 역사에 잊혀지지 않는 깊은 아픔이 남은 도시였다. 내가 폴란드로 발걸음을 옮긴 가장 큰 이유인 오시비앵침은, 일생에 한 번쯤은 꼭 직접 보고 싶은 곳이었다. 누군가 살면서 기억에 남는 영화를 말하라고 한다면, 몇 개의 영화를 말할 수 있는데 그중에 하나가 〈인생은 아름다워〉라는 영화이다. 그 배경이 되었던 아우슈비츠 강제수용소를 꼭 방문하고 싶었고, 알아본 바로는 아침 9시 이전에 입장하면 무료로 입장이 가능하다고 했다.

그래서 가이드 없이 편한 마음으로 둘러보고 싶은 마음이 컸기에 새벽같이 일어나 오시비앵침으로 가는 버스를 타고 오시비앵침의 강제수용소에 입장을 했다. 다행히 이른 아침이라서 사람이 별로 없어서

아우슈비츠 강제수용소 입구 '노동이 너를 자유케 하리라'

둘러보기 좋겠다고 생각하면서 입장티켓을 받아 그 유명한 '노동이 너를 자유케 하리라'라는 문구가 적힌 입구를 보자마자 속에서 욕이 나오는 것을 참을 수 없었다. 모든 건물을 오픈하지 않고 몇 개의 건물만 박물관으로 운영 중이었는데, 건물로 들어가서 가장 먼저 보게 된 풍경이 수용자들의 유니폼을 사람이 서 있는 것처럼 몇 줄로 세워 둔 것이었다. 낡고 때가 타 버린 옷에서 짙은 슬픔이 배어 나오는 기분이 들었다. 건물 안에서는 그렇게도 마음이 아프다가, 건물 밖으로 나오면 마치 아무런 일도 없었다는 듯이 평화롭고 조용한 풍경에 유난히 더 이질감을 느꼈다. 누군가가 분명 사용했을 그릇들과 신발, 의

족과 안경 그리고 머리카락까지 산더미로 쌓여 전시된 공간에선 아무런 말도 할 수 없었다. 그저 속이 쓰리고, 머리가 누구에게 맞은 것처럼 띵하게 아파졌다. 허름한 짚단이 깔린 방과, 그것조차 없던 수용자들이 머무른 방에는 어떻게 사람이 이렇게 잔혹하게 인권을 짓밟을 수 있는지 믿기지 않았다. 수많은 수용자의 사진에서 유난히 눈길이 갔던 곳은 아이들의 사진이었다. 많은 어린아이와 갓난아이의 사진 밑에는 이미 사망한 날짜만 남아 있었다. 누구든 분노하지 않을 수 없는 것들이었다. 깊은 속에서부터 올라오는 한 인간에 대한 혐오감을 참을 수가 없었다. 수많은 사람의 목숨이 한 인간의 말로 무너져 갔을 것에, 눈물이 났다. 그렇게 무너지고 싶지 않았을 많은 사람의 펼쳐지지 못한 페이지들이 너무 안타까웠다.

강제수용소에 남아 있는 모든 기록이 나를 끔찍하고 서글프게 만들었지만, 내가 생각하기에 가장 최악의 공간은 지하의 가스실이었다. 넓은 공간을 걸어 다니며 둘러보던 사람들이 줄을 지어 들어가던 곳, 그리고 촬영조차 금지가 된 곳. 가스실을 들어간다는 것을 알았을 때, 영화 〈인생은 아름다워〉의 마지막 장면이 생각이 났다. 아들을 위해 끝까지 장난치며, 좋은 것들로만 채워 주려고 했던 아빠의 모습을 보며 얼마나 많이 울었는지 모르겠다. 그것처럼 아무것도 모른 채로 샤워하러 가는 줄 알고 내려가던 사람들의 모습이 상상되면서 돌아오지 못할 길을 걸어간 그들을 위한 기도를 했다.

가스실 내부는 생각보다 너무 멀쩡해서 누구든 말 안 하면 가스실인지 모를 정도였다. 정말 샤워장처럼 천장에 달린 스프링클러(아마 그곳으로 가스가 주입되었을 것이다.)와 천장이 낮은 방 안을 멈추지 않고 둘러보고 나와야 하는데, 머리가 아팠다. 나만 그랬을지 모르겠지만, 너무나 많은 사람이 죽었을 공간이라는 생각이 머릿속을 떠나지 않으면서 급격하게 컨디션이 나빠지기 시작했다. 가스실을 나와 보이는 햇빛이 가득했던 언덕의 들꽃에 훌쩍였다. 유난히 햇볕이 따듯해서, 유난히 보이는 꽃이 소중하고 아름다워서, '나는 어떠한 복으로 남들은 가질 수 없었던 삶을 살고 있나'라는 의문이 들었다. 안전하고 평화로운 나라와 동네에 태어나, 내가 만난 어떠한 사람보다 성실한 부모님의 애정을 받았으며, 내가 가진 것으로 충분히 하고 싶은 것들을 누리는 삶은 누군가에게 꿈꾸기조차 어려운 커다란 행복이었다. 그래서 나는 내 삶을 더 사랑하고, 내가 가진 것 이상의 욕심을 부리지 않기로 다짐했다. 나는 그곳에서 내가 가진 것이 전혀 당연한 것이 아니기 때문에 더 소중한 것임을 배웠다.

나는 세상 사람들이 더 이상 아우슈비츠를 아우슈비츠라고 부르지 않았으면 좋겠다. 폴란드에 위치한 도시이기 때문에, 우리에게 익숙한 이름보다 폴란드 사람들이 역사를 잊지 않기 위해 남겨 둔 오시비앵침이라는 이름이 더 자연스러워지는 순간이 오기를 바란다. 국어를 배우면서 이상화 시인의 〈빼앗긴 들에도 봄은 오는가〉라는 제목을 눈여겨본 적이 있었다. 폴란드의 빼앗겼던 들에는 봄이 왔지만, 아직도 깊은 겨울의 잔재가 너무 진하게 남아, 여전히 아픔을 가지고 있다는 생각이 들었다. 하지만 대단했던 것은 그럼에도 불구하고 피해를 입었던 후손들이 나서서 그곳을 지키고 또 그러한 일이 일어나지 않길 바라는 마음으로 알리고 있었다는 것이었다. 유럽 여행을 계획하면서, 남들이 좋아하는 나라와 도시들을 고르기보다 내가 살면서 가기 힘들 것 같은 나라들과 도시들을 경험해 보자는 목표가 있었는데, 그것에 가장 잘 부합했던 나라와 도시였다. 폴란드를 여행할 수 있어서 다행이었다.

24

플리트비체 : 요정의 숲인데, 좀 많이 힘든 요정의 숲

플리트비체를 계획하면서 아침 일찍부터 천천히 둘러보고 다음 도시로 넘어가기 위해 근처 작은 동네에서 하룻밤을 머무르고 가기로 했다. 예약한 숙소는 플리트비체까지 가는 셔틀을 제공해 주는 곳이었다. 공원 입장 티켓도 예매해 두고, 셔틀도 예약해 두고 편안한 마음으로 동네의 유일한 마트에 갔다. 장을 보기 위해 방문했는데, 삼겹살이 있어 주저 없이 구매했다. 가방 안에 햇반과 고추장이 있었는데, 그것과 함께 공용 키친에서 고기를 구워 먹으니 저녁에 만난 작은 행복이 되어 주었다. 같은 숙소에 머무르는 친구들과 공용 키친에서 간단한 대화도 나누고 든든한 배를 두드리며 숙소 근처를 산책도 하다가 다음 날 플리트비체에 가서 부지런히 걷기 위해 조금 이른 시간 잠자리에 누웠다. 내가 자리 잡은 침대의 머리맡에는 유리창이 있었는데, 불 꺼진 동네의 틈 사이로 쏟아지는 별들의 은하수가 흐르고 있었다. 큰 도시에만 머물렀다면 만나기 어려웠을 밤하늘과 함께 잠에 들었다.

플리트비체를 여행하는 다음 날, 셔틀을 예약하면서 안내받은 입구가 내가 예약한 입구가 아니어서 다시 물어보니 역시나 그곳까지 가지 않는다는 안내를 받았다. 일부러 아침 일찍 사람이 붐비지 않는 시간에 가고 싶어서 근처에서 잔 것이었는데, 너무 속상했다. 일단 셔틀이 내려 준 입구에 가서 안내하는 사람들에게 물어보니, 내가 예약한 곳까지 가는 교통편은 없고 가려면 걸어가야 한다는 안내를 받았다. 뜻밖의 30킬로 무게의 배낭을 메고, 도로 위에서 트래킹을 하게 된 것이었다. 어쩌면 그곳에 남아 방법을 찾거나 히치하이킹 한다거나 하는 방법이 있었을지도 모르겠지만 그때는 너무 멘탈이 무너져 버려서 도저히 다른 방법을 찾을 여유가 없었다. 그래서 무작정 일단 2km를 걸어가 보기로 했다. 다시는 가방 메고 트래킹하지 않겠다고 다짐했었는데, 내가 잘못 알아봤기 때문이어서 누구를 탓하기도 어려웠다. 앞으로는 더 잘 알아보자고 나 자신에게 응원을 던지면서 찻길을 따라 걷기 시작했다. 플리트비체 내부를 구경하기도 전에 지칠 것 같은 육신을 다독여 가며 겨우 입구에 도착해서 짐을 맡기고 걷는 내내 꿈에 그리던 플리트비체에 입장할 수 있었다.

인터넷에서 발견한 최적의 코스를 따라서 사람이 없는 한적한 플리트비체를 걸었다. 위에서 아래로 내려오는 코스는 인기가 매우 많아서 길을 걸을 때도 풍경보다 사람이 더 많이 보이고, 중간에 타야 하는 보트도 한참을 기다려야 한다고 했다. 그래서 나는 아래서 위로,

플리트비체의 투명한 물속

그리고 위에서 바깥쪽으로 돌아 나오는 코스를 따라 둘러보기로 했다. 엄마가 귀가 닳도록 이야기했던 요정의 정원, 언젠가는 나도 엄마와 같은 곳을 여행하며 함께 같은 곳을 추억하자고 다짐했던 그곳에 나도 있었다. 온통 옅고 짙은 숲의 냄새와 맑고 푸른 호수와 그 속에 남겨진 오랜 숲의 흔적이 너무나 인상 깊은 곳이었다. 보트를 타는 것도 늦으면 하류에서 상류로 올라가는 것도 꽤 기다려야 한다는 조언을 들었던 터라 부지런히 걸었더니 1시간 30분 만에 하류를 다 구경할 수 있었다.

생각보다 빠르게 구경해 버려서 조금 당황스러웠지만 상류 부분은 또 하류와 다른 느낌이래서 이동해서는 조금 더 여유를 가지고 둘러보자고 마음먹었다. 의외로 즐거웠던 부분은 보트를 타는 것이었는데 넓은 호수 위의 아름다운 숲을 구경하면서 10여 분을 타고 이동하는 게 꿀같이 달콤한 휴식이었다. 아침부터 부지런히 걸었던 상황이라 쉬고 싶은 마음이 굴뚝같았는데 좋은 풍경을 보니 힘겨웠던 마음마저 상쾌해지는 기분이었다. 상류로 이동하니 하류는 거대한 폭포와 넓게 펼쳐진 호수를 보는 기분이 들었다면, 조금 더 아기자기하고 사랑스러운 풍경이 기다리고 있었다.

플리트비체를 돌면서 혹시라도 당 떨어질까 챙겼던 과자도 벤치에 앉아 풍경을 즐기면서 먹으니 근사한 디저트가 되는 기분이었다. 시간이 갈수록 입장하는 사람들도 많아지고 있었는지 길도 조금씩 북적이기 시작하는 것을 보니 문득 계획을 잘 세웠다는 생각이 들었다. (비록 입구까지 한참 걸어야 했지만) 피곤했던 나는 벤치에 앉아서 흘러가는 개울가의 소리와 바람이 흔드는 나뭇가지와 잎사귀의 소리를 들으며 잠시 눈을 감았다. 자연이 선물하는 자극적이지 않은 소리에 오랜만에 해롭지 않은 소리에 집중할 수 있었다. 유럽을 여행하며 메여있었던 쉥겐 조약에 대한 스트레스가 없이 쉴 수 있다는 것이 감사했다. 장기 여행자에게 꽤 골치가 아픈 무비자 체류 기간에서 크로아티아는 적용되지 않다는 소식을 듣고선 여행을 길게 해야겠다는 생각이 들었었다. 덕분에 이렇게 숲속에서 가지는 여유가 너무나 소중하다는 것을 배웠으니 어쩌면 모든 것에 의미가 있다는 말은 이런 경험에서 나온 것이었을지도 모른다. 잡다한 생각이 들다가도 눈을 뜨면 다시 숲속이었으니 내 여행의 의미가 여기에 있었다.

플리트비체를 나올 무렵엔 배도 고프고 한참을 걸어 다녔기에 지칠 대로 지친 모습이었다. 셔틀버스를 타고 중반까지 움직여야 해서 기다리는 중에 매점에서 파는 아이스크림이 눈에 띄었다. '열심히 걸었으니 아이스크림 하나 정도는 허락할 수 있지' 하면서 하나를 구매해 잠시 잔디에 털썩 앉았는데 가족들과 나들이 나온 것처럼 보이는 이제 막 걸음마를 시작한 아이와 눈이 맞았다. 아이는 갑자기 손을 뻗으며 나에게 걸어오기에 웃으면서 받아 봤더니 작은 들꽃 한 송이가 손바닥 위에 놓여 있었다. 꽃을 건네고 뒤돌아 가족들에게 돌아가는 아이의 뒷모습을 멍하니 보다가 아이의 가족들과 함께 눈빛을 교환하며 웃었다. 나는 왜 이런 작은 선물에 괜히 눈물이 났을까. 나에게 꽃을 건넨 아이는 아무 생각이 없었을지 모르겠으나 나에게는 너무 큰 선물이라서, 그 꽃을 한참 쥐고 있었다.

아이가 건넨 들꽃

입구로 돌아가는 셔틀버스가 와서 버스를 타고 중반에 내려 걸어서 입장했던 입구로 돌아가는데, 플리트비체를 절벽 위에서 볼 수 있는 뷰포인트가 나왔다. 호수 위에 나선형의 데크를 따라 걷는 작은 사람들이 초록색과 어우러져 아름다웠다. 햇빛이 반짝이는 호수의 모습을 헤치지 않는 데크와 그 속에서 초록으로 물들어 가는 사람들의 마음이 나는 왠지 너무나 사랑스럽게 느껴졌다. 날이 좋아서 다행이었다. 햇빛이 쨍하니 맑은 날에 아름다운 숲길을 따라 산책할 기회가 내 생에 얼마나 있을지 모르니, 나는 주어진 시간 속에서 더 최선을 다해 순간을 살아야겠다는 마음을 먹었다.

25

흐바르 : 수영에 미치다

스플리트에서 1시간 정도 페리를 타고 들어가면 내가 유럽에서 가장 사랑했던 섬, 흐바르가 나온다. 라벤더가 자생하는 섬으로 유명한 흐바르를 여행한 시기는 때마침 라벤더가 아름답게 피어오르고, 햇빛의 열기가 뜨거워지는 6월의 중반을 달려가고 있었다. 여름내 수영하기 위해 스플리트에서 큰돈을 투자해 구매한 수영복이 아쉽지 않게 시간을 보내기로 페리에서 다짐했는데 섬에 도착하자마자 수영복을 사 오길 잘했다는 생각이 들 정도로 투명한 바닷가의 물색에 반하고 말았다. 얼른 숙소에 짐을 내려놓고 도시를 구경하고 싶다는 생각이 들어 이동하는데, 흐바르에서 가장 저렴한 숙소답게 아주 높은 산꼭대기에 위치한 숙소에 가는 내내 나는 왜 고생을 사서하고 있을까 라는 생각이 들었다. 줄줄 흐르는 땀과 함께 겨우 숙소에 도착해서 체크인을 마치고 일단 누웠다. 도저히 밥을 먹으러 나갈 컨디션이 아니어서 숙소 근처에 위치한 마트에 가서 흐바르에서 머무르는 내내 먹을 식량을 사서 든든하게 저녁을 챙겨 먹고 다음 날 제대로 놀기 위해 일찍 잠에 들기로 했다.

너무 기다렸던 물놀이를 하는 날 함께 다니기로 한 동행과 만나 일단 점심을 먹기로 했다. 평이 좋은 식당에서 먹은 크림뇨끼가 너무 맛있어서 숨도 안 쉬고 먹었는데 디저트로 주신 크로아티아에서 맛볼 수 있다는 담금주도 맛있어서 꼭 다시 방문하기로 마음먹었다. 그리고 물놀이를 어디서 할지 살펴보는데, 흐바르는 줄이 처져 있는 해안가 어디서든 수영이 가능하기 때문에 오히려 예쁜 해변이 너무 많아 고민이 되었다. 마음에 드는 곳에 자리 잡고 물에 들어가자마자 스노클링 마스크를 챙겨 온 나를 매우 칭찬하는 풍경이 펼쳐졌다. 자갈로 이루어진 바닷속은 다양한 해양생물과 물고기로 가득했다. 모래 해변이 바깥에서 속을 들여다보기는 좋지만, 사실 바닷속을 자세히 보고 싶다면 자갈 해변이 물이 훨씬 맑아 시야가 좋기 때문에 스노클 하는 사람들은 자갈 해변을 더 좋아한다. 딱 알맞은 물 온도와 몸이 추워지면 나와서 비치타올에 누워 뜨거운 햇빛 아래서 일광욕했다. 바야흐로 나의 여행에 여름이 온 것 같았다.

하루는 동행과 함께 스쿠터를 빌려 라벤더가 자생한다는 마을도 가 보고, 섬의 반대편으로 구경도 가 보기로 했다. 예약해 뒀던 렌터카 업체에서 스쿠터를 픽업해서 동행을 데리고 라벤더 자생지부터 가기로 했는데, 도착해서 보니 생각보다 여기저기 중구난방으로 피어 있는 라벤더들을 보면서 사진으로 담기지 않을 것을 예상해 버렸다. 그러나 진한 라벤더의 향기가 정말 너무 좋아서, 한참을 꽃 사이를 걷고 향기를 맡으며 시간을 보내다가 섬의 반대쪽으로 출발했다. 가는 길이 잘 닦여 있어 좋았는데, 가다가 발견한 노란 꽃나무가 길 한편에 가득 피어 있는 것을 보고 바로 멈춰서 사진을 찍었다. 마침 입고 갔던 노란색 셔츠가 풍경과 잘 어울려서 말 그대로 인생 사진을 남겼다.

처음에 생각하고 갔던 해변은 생각보다 예쁘지 않아서 다시 우리의 숙소가 있는 쪽으로 돌아오다가 마음에 쏙 드는 해변을 발견할 수 있었다. '밀라'라는 이름의 해변에는 찾아오는 사람도 많이 없어 북적거리지 않는 바닷가를 온전히 누릴 수 있었는데, 가끔 지나가는 패들 보트와 요트를 구경하며 수영하고 일광욕하는 하루를 보내기 딱 좋았다. 흐바르에서 스쿠터를 빌리는 비용도 비싸지 않아서, 만약에 또다시 흐바르를 여행한다면 여행 내내 스쿠터를 렌트해서 섬을 구석구석 돌아보고 싶다는 생각이 들었다. 생각보다 섬의 크기가 정말 크고 해변마다 특색 있는 풍경이어서 완전 반해 버렸기 때문이었다. 우린

신나게 놀다가 업체와 약속한 시각이 다가와서 동행과 함께 마트 쇼핑을 한 다음 동생네 숙소에 데려다주고 무사히 스쿠터를 반납할 수 있었다. 하루 종일 바쁘게 돌아다녔더니 꽤 피곤해져서 장 본 것들로 요리해서 숙소의 테라스에서 노을을 구경하며 든든하게 저녁을 먹었다. 처음에 정보가 별로 없는 흐바르에서 일주일을 보내기로 했을 때 과연 잘한 선택일까 걱정했지만, 알 수 없는 여행지를 새롭게 개척한다는 것이 참 재밌다는 생각이 들었다. 그 덕분에 다양한 섬의 풍경들도 둘러볼 수 있었고, 남들은 모르는 프라이빗한 해변에서 행복한 시간을 보낼 수 있었다.

밀라 해변의 풍경

흐바르를 떠나기 바로 전날, 흐바르의 바닷가에서 물놀이하는 것도 어느 정도 익숙해져 버렸다. 그래서 동행과 함께 근처에 있는 몇 개의 섬으로 갈 수 있는 것을 보고 예루림이라는 섬으로 나들이를 가기로 했다. 마트에 들러 맥주와 간식거리 몇 가지를 사서 섬까지 왕복 50쿠

나에 다녀올 수 있다는 배에 올라서 10분 정도 바다를 건너 작고 귀여운 예루림에 도착할 수 있었다. (몇 걸음 걷고 나면 섬의 끝이었다.)

우리가 처음 자리 잡은 곳은 흐바르가 한눈에 보이는 위치였는데 나무 그늘이 시원할 줄 알았더니 시간이 갈수록 그늘 때문에 조금씩 서늘해지기 시작했다. 그래서 반대편의 햇빛이 잘 드는 곳으로 이동했는데 어머니와 아이들이 나체로 놀고 있어서 당황해 버렸다. 알고 보니 예루림은 누드 비치로 유명한 곳이었는데, 그렇다고 모두가 무조건 누드로 놀아야 하는 곳은 아니고 원한다면 누드로 놀아도 이상하게 보지 않는 곳이었다. 동행과 나는 당황했지만 당황하지 않은 척하면서 자리를 잡고 물에 들어갔는데 예루림 역시 사람들이 많이 찾지 않아 복잡하지 않고 한적해서 놀기 너무 좋았다. 놀다가 보니 아이와 함께 시간을 보내는 어머니의 모습이 너무 보기가 좋았다. 해변 가득 아이와 어머니의 웃음소리가 들렸는데, 마치 태초로 돌아간 것 같은 기분이 들었다. 세상의 처음에는 갖춰진 옷도 없었고 갖춰진 건물과 물건들도 없었을 터였다. 사람이 개발하고 만들어 낸 것들 사이에서 어쩌면 나는 조금 많이 지쳐 있었을지도 모르겠다.

문명이 갖춰질수록 몸은 편하지만 우리는 접하지 않아도 될 것들에 눈이 갈 때도 너무나 많다. 그런 것들은 어떨 때는 너무나 자극적이어서 힘겨웠고 때론 많은 것들은 사람을 오히려 외롭게 만든다. 그래서 문득 이렇게 순수한 웃음과 자연 그대로 남아 있는 풍경을 보는 것만으로도 마음이 채워진다고 느끼는 것은 당연할지도 모르겠다는 생각했다. '사람 없이 사람은 살 수 없다'는 말을 좋아하는데, 아무리 물질로 풍족해도 결국 인간은 혼자 살 수 없다.

스페인요새에서 본 흐바르

26

자킨토스 & 낙소스 : 눈부시게 아름다웠던 지중해

유럽에서 무비자 여행 가능한 날이 얼마 남지 않았을 무렵, 마지막 국가를 어디로 정할까 고민하고 있었다. 여행 경로를 따라서 보다 보니 그리스가 눈에 들어왔다. 내 또래들은 다들 비슷하게 학교 도서실에서 〈그리스 로마신화〉의 만화책을 보고 자라지 않았을까? 나는 마지막 유럽 국가를 그렇게 정하게 되었다.

10일 남짓 여행해야 하는 촉박함 속에서 그리스의 어떤 도시를, 어떤 섬을 여행해야 할까 고민이 많았다. 그러다가 〈태양의 후예〉 촬영지라는 자킨토스를 알게 되어 그곳을 여행하며 수영해야겠다는 목표가 생겼다. 그러나 자킨토스가 추가되면, 그리스의 일정이 매우 꼬이는 동선이었다. 두브로브니크에서 아테네로 들어가서, 자킨토스를 다녀와서 또다시 아테네를 거쳐 다른 섬들로 가야 했기 때문이었다. 자킨토스만 북쪽에 위치한 섬이었고, 나머지 내가 가고 싶었던 섬들은 다 남쪽에 있었다. 하지만 이미 유명한 섬들에 대한 매력도보다 처음 듣는 자킨토스에 대한 궁금증이 더 커다랬기 때문에 조금 돌아가더라도 경로를 그렇게 짜기로 했다. 다른 섬으로 가는 방법에 돈을 더 들여 비행기를 타고 이동하는 선택지도 있었지만 이미 유럽에서 경비가 많이 지출된 것도 있었고, 생각해 둔 그리스의 섬에는 호스텔이 거의 없어 호텔에서 머물러야 하느라고 숙소에 돈 쓰는 대신 몸이 고생하는 것을 선택하기로 했다.

자킨토스로 가는 방법은 두 가지가 있었는데, 하나는 비행기를 타는 것과 또 하나는 버스로 항구까지 이동한 다음, 페리를 타고 들어가는 방법이 있었다. 페리의 장점은 버스가 함께 타서 자킨토스 터미널까지 이동이 가능하다는 것이었다. 아침 일찍 버스를 타고 항구까지 4시간 이동해서 또 페리로 2시간을 이동해야 했지만, 또 이런 것도 배낭여행의 매력이 아닐까 하는 생각이 들었다. (어차피 남는 것은 시간이었다.) 자킨토스에 도착하자마자 가장 먼저 예약해 둔 에어비앤비로 향했다. 친절하신 숙소 주인아주머니가 마중 나와 계셨는데 집 전체를 빌려서 정말 오랜만에 거실과 방, 깨끗한 화장실을 이용할 수 있었다. 물가가 너무 비싼 나머지 선택했던 부분이었지만 정말 후회 없이 행복하게 그리스를 여행할 것 같다는 예감이 여기서 들었던 것 같다. 마트에서 든든하게 식료품도 구매해서 저녁을 해 먹고 오랜만에 여러 사람이 함께 사용하는 침실이 아니라서 경계심을 풀고 깊은 잠에 들 수 있었다.

자킨토스에서 하루 종일 놀 수 있는 유일한 날, 일단 이미 여행하고 갔던 사람이 렌터카 업체에서 스쿠터를 빌렸다는 후기를 봤기 때문에 렌터카 업체들을 들러 봤지만, 그리스법이 엄격해서 내가 가진 국제면허로는 스쿠터를 렌트할 수 없다는 이야기를 들었다. 렌트해서 섬을 돌아볼 생각에 다른 투어를 알아보지 못했기에 살짝 멘붕이 왔지만, 다행히 다른 렌터카 업체에서 4바퀴는 운전이 가능하니 ATV를 렌트해 보는 건 어떠냐고 제안해 주셨다. ATV를 하루 종일 운전해 본 경험은 없지만, 한국에서 한 시간 정도 타 봤으니 괜찮을 것 같아 렌트하기로 했다. 처음에는 조금 어색했지만 금방 적응해서 바로 저장해 뒀던 해변으로 향했다. 작은 카페와 함께 있었던 해변은 물이 너무 맑아서 위에서 보면 물속이 다 비칠 정도였다. 한참을 뜨거운 태양 아래서 물놀이도 하고, 먼바다까지 수영해서 물 위를 둥둥 떠다니기도 했다. 무엇보다 너무 북적이지 않는 바다가 좋았다. 잠시 떠 있는 동안 들리는 소리라곤 오직 바다가 들려주는 소리뿐이었다.

자킨토스의 '포트록사해변'

젖은 몸 위로 옷을 대충 입고, 다시 도로를 달렸다. 포트록사라는 이름의 해변도 들렀는데 그곳에서 5유로짜리 그리스식 샐러드를 주문했는데, 처음 맛보는 페타치즈가 고소하니 맛있어서 감탄했다. 신선한 야채와 치즈, 올리브유가 듬뿍 들어간 샐러드가 맛있다는 것을 여기서 처음 느꼈다. 마지막 목적지는 우리나라에서는 〈태양의 후예〉 촬영지로 유명한 난파선 해변이었다. 물론 거기까지 들어가려면 별도로 페리를 타고 들어가야 하기 때문에 나는 뷰포인트에 가서 위에서 내려다보기로 했다.

자킨토스의 '난파선비치'

흔히들 가는 뷰포인트가 그렇게 안전한 난간 없이 쌩 절벽인지 전혀 예상 못 했다. 뷰포인트에 도착해서 부지런히 걸어가다 보니 사람들이 사진 찍는 모든 곳이 너무 위험해 보였다. 인생 사진 찍겠다고 하다가 인생을 마감할 것 같다는 생각이 들어 손만 뻗어 아래로 펼쳐지는 풍경 사진 몇 장 찍고는 바로 돌아서 나왔다. 긴장을 얼마나 했는지 얼굴에 땀이 줄줄 흐르고 있었다. 해가 저물기 전에 렌터카 업체로 돌아가려고 부지런히 달렸는데, 돌아가는 길의 풍경이 너무 멋져서 오랜만에 기분이 무척 좋았다. ATV를 반납하고, 업체에서 분명 시내까지 데려다준다고 약속했으면서 갑자기 자기 혼자라고 데려다줄 수 없다고 했다. 그럼 나는 어떻게 가냐고 했더니 버스 타고 가라고 알려 줬다. 정말 짜증이 났지만, 하루를 그렇게 망치고 싶지 않아서 그냥 넘어가기로 했다. 그렇지만 만약 다음에 자킨토스를 또다시 여행할 기회가 주어진다면, 그때는 꼭 일주일은 머무르고 싶다고 생각했다. 비록 렌터카 업체 때문에 기분은 상했었지만 투명하게 아름답던 바다와 신선하고 맛있는 음식들, 그리고 북적이지 않는 섬의 풍경은 그 헤프닝보다 더 매력적으로 기억에 남았기 때문이었다.

자킨토스에서 아테네, 아테네에서 미코노스까지 지나, 드디어 누군가 '그리스의 많은 섬 중에 어떤 섬이 제일 좋았냐'는 질문에 매번 답하게 되었던 낙소스로 향하게 되었다. 미코노스를 떠나는 길에 호텔 사장님이 페리를 타는 항구까지 데려다주셨는데, 가는 길에 다음엔 어디로 가냐고 묻기에 낙소스에 간다고 했더니 낙소스의 음식이 정말 맛있다고 추천을 해 주셨다. 10시 배를 타고 낙소스에 도착하니, 이번에도 역시나 호텔에다가 픽업을 요청해 마중 나와 주신 호텔 사장님을 만날 수 있었다. 사장님은 필요한 것 있으면 얼마든지 물어보라면서 다양한 여행지와 맛집을 가는 길에 알려 주셨다.

체크인 후에 바로 수영하러 갔는데, 숙소 근처에 가까운 해변이 있어서 너무 좋았다. 낙소스섬 항구 쪽에는 아폴론 신전의 흔적이 남아 있는 작은 섬이 있는데, 유일하게 세워진 신전의 입구가 묘한 매력이 있었다. 그곳에서 보는 일몰이 아름답다는 이야기를 들었던 터라 낙소스에서 머무는 내내 노을이 질 때마다 신전으로 향했었다. 그것은 나만 그렇게 신전을 향해 갔던 것은 아니었다. 낙소스로 여행 오는 사람의 대부분이 섬 곳곳에서 신전으로 삼삼오오 모여들기 시작했던 것이었다. 사람의 믿음이 사라져 무너져 버린 신전이 하루에 유일하게 붐비는 시간이기도 했다.

해가 저물면서 붉게 물든 하늘과 유난히 동그랗게 떠 있던 태양이 유일한 신전의 입구 중앙에 걸릴 무렵, 나는 내가 낙소스로 향했던 이유를 떠올렸다. 내가 어렸을 적 유난히 좋아했던 신화는 〈그리스 로마신화〉였다는 말을 이 에피소드의 도입부에 말했었다. 낙소스는 디오니소스 신앙의 중심지였다. 그래서 그런지 섬의 가

낙소스 '아폴론신전 입구'

장 큰 특산물은 백포도주라고 했다. 또한 테세우스가 아리아드네를 버리고 떠났던 섬이었다. 신화가 남아 있는 섬으로 들어온다는 것은 매우 낭만적인 일이었다. 섬에 머무는 내내 나는 하나의 신화가 시작된 순간을 살고 있는 것 같다는 상상을 했었다. 낙소스는 딱 내가 상상하던 그리스 그 자체였다.

27

카파도키아 : 매일 새벽을 타고 떠오르는 열기구를 위해 언덕을 오르던 사람들

유럽을 떠나 터키로 넘어올 무렵 날씨가 무척 더운 여름이 찾아왔다. 나는 역시 터키에서 가장 보고 싶었던 풍경으로 당연하게 카파도키아의 일출과 함께 떠오르는 열기구를 손꼽았다. 사실 카파도키아는 오래된 옛 이름이고 현재 도시의 이름은 터키어로 괴레메라고 불리고 있었다. 나는 사프란볼루에서 넘어가야 했는데, 그렇게 되면 바로 넘어갈 방법이 없고 터키의 수도인 앙카라를 경유해서 넘어가야 했다. 버스를 두 번 갈아타고 돌무쉬(미니밴버스)를 타고 괴레메의 예약해 둔 숙소에 도착할 때가 되니 날이 거의 지나가고 있었다.

괴레메에서 필수로 알고 있어야 할 사이트가 하나 있는데, 그것은 열기구가 뜰 수 있는 바람의 세기를 체크하는 사이트였다. 친절하신 분이 공유해 주신 사이트로 새벽 4시쯤 일어나 일출이 뜨기 전에 사이트를 체크해서 초록색 깃발이면 빠르게 준비해서 열기구를 보러 가야 한다고 알려 주셨다. 도착한 날을 제외하고 바로 다음 날부터 열기구를 보기 위한 새벽 등산이 시작되었는데, 처음에는 사이트로 열기구가 뜨는 것을 체크하는 방법을 몰라서 일어나자 봤을 때는 빨간색 깃발이라 오늘은 열기구를 못 보나 했었다. 다른 동행들은 다시 잠에 들고 나만 미련이 남아 계속해서 새로 고침을 하는데, 갑자기 빨간색의 깃발이 초록색 깃발로 변해 있었다. 얼른 함께 열기구를 보러 가기로 한 동행들을 깨워 대충 준비하고 열기구를 타지 않는 사람들이 일출 풍경을 보러간다는 언덕으로 올라가기 시작했다. 새벽에도 사진에 대한 열정이 넘치는 동행들은 열심히 화장하고 옷을 꾸며 입었는데, 나는 귀찮아서 모자만 대충 쓰고 갔더니 나중에 후회가 남았다. 왜냐면 내가 괴레메에서 본 일출 중에서 첫날이 가장 예쁘고 열기구가 가까이서 날았기 때문이었다. 언덕에 오를 때 열기구들도 언덕과 가까이 다가오기 시작했는데, 그와 동시에 하늘이 점점 열어지기 시작하며 분홍색으로 물들어 가기 시작했다. 어떤 말로도 형용할 수 없는 풍경이었다. 세상에 있는 온갖 수식어를 다 가져다 붙여도 부족할 만큼 아름다웠다.

왜 사람들이 그렇게 터키 하면 가장 먼저 떠올릴 만큼, 살면서 한 번은 꼭 보고 싶다고 말할 만큼의 값어치를 하는 곳이었다. 이 얼마나 낭만적인 도시일까? 초록 깃발과 빨간 깃발의 희비가 교차하는 새벽에 아마 나는 이 도시와 사랑에 빠진 것은 우연이 아닐지도 모르겠다.

카파도키아의 열기구들

카파도키아는 열기구도 유명하지만, 또한 거대한 지하도시가 있는 것으로도 유명했는데, 가장 대표적인 곳이 데린쿠유라고 불리는 지하도시였다. 다양한 이유로 사람들은 지하도시에서 살기를 선택했는데, 근대에 접어서는 이슬람 세력의 기독교 박해를 피하고자 많은 기독교인이 지하도시에서 살아갔다. 사람이 많아질수록 동굴은 더 깊어지고 넓어졌으며 미로같이 복잡해졌다고 한다. 실제로 내부로 들어가면 여기서 사람들이 어떻게 살았는지를 설명 들을 수 있었는데,

지하교회로 사용되었던 곳의 벽화와 좁은 통로를 통해 다양한 구역으로 나누어진 지하도시를 둘러볼 수 있었다.

깊은 동굴 속에서 사람이 꼭 필요한 물과 산소가 어떻게 공급되었을까 궁금했는데 직접 들어가 보니 숨쉬기도 편하고 지하수가 흐르는 곳도 볼 수 있었다. 산소 같은 경우에는 지상과 뚫어 놓은 환기 시스템을 이용해서 사람이 살 수 있는 공간으로 만들었다고 하니 정말 신기하지 않을 수가 없었다. 지하도시를 나와 괴레메에 위치한 커다란 돌산을 깎아 만든 수도원 유적지를 탐방할 수 있었다. 엄청 커다란 돌산을 믿음 하나로 깎고 깎아 내 만들었을 옛사람들의 열정이 그곳에 있었다. 수도원에 올라서 내려다본 탁 트인 하늘과 땅이 아름다웠다. 세상이 이렇게 넓은 것을 나는 여행을 떠나고 나서야 알게 되었다. 너무나 많은 역사가 곳곳에 살아 숨 쉬고, 현대에도 남아 명맥을 이어 가고 있다. 아름다운 돌산의 수도원에서 돌을 깎아 만들어진 벽과 계단을 걷고 만지면서 그저 내가 이곳에서 실제로 유적들을 볼 수 있음에 감사했다. 남겨진 것을 잃지 않는 것도 중요하다는 생각이 들었다. 이렇게 아름다운 풍경과 순간들을 잘 담아서 다음 세대에 전할 수 있다면, 그것이 얼마나 많은 의미를 가질 수 있을까?

괴레메에 머무는 동안 타이밍 좋게도 벌룬 페스티벌이 열린다는 소식을 들었다. 괴레메에서 숙소를 운영하시는 한국인이 있었는데, 괴레메에서 할 수 있는 다양한 투어도 알선해 주시고 좋은 정보도 알려 주셨다. 그분 덕분에 러브밸리 투어도 할 겸 해서 벌룬 페스티벌을 구경하러 가기로 했는데, 열기구가 떠오르기 전 가까이서 부풀어 오르는 걸 보는 것으로 시작했다. 러브밸리에서 열기구들이 떠올라서 하늘을 날아다니는 것을 보는데, 마침 해가 떠올라서 함께 투어하시는 분이 찍어 주신 사진이 정말 예쁘게 찍혔다. 일반적인 열기구들이 다 떠오르고 난 뒤 행사가 열리는 러브밸리 쪽이 갑자기 분주해지기 시작했다. 다양한 열기구들이 날아오를 준비를 시작했는데 물구나무 선 쥐, 뒤집힌 열기구, 비행선 같은 굉장히 신기하고 귀여운 열기구들이 많이 등장했다. 비록 처음으로 열리는 벌룬 페스티벌인지라 뭔가 중구난방으로 정신없고 혼잡했다. 현지에서 생활하고 계신 교민 분들도 몇 분 함께 했는데 동네에 있는 주민들이 다 모여든 것 같다고 했다. 다양한 열기구들이 하늘에 떠오르니 진짜 축제에 온 것 같이 재밌었다.

북적이는 사람들 사이에서 우연한 기회로 이런 순간을 맞이할 수 있다는 것이 바로 여행의 묘미 아닐까 싶었다. 만약 내가 일정에 매여 새로운 기회가 올 때마다 그것을 잡을 수 없었다면, 내 여행은 내가 느끼기에 너무 아쉬웠을 거라는 생각이 들었다. 내가 노르웨이를 여행하게 된 계기도 스페인에서 만난 동행의 제안으로 시작된 여행이었고, 서머셋에서 2주 동안 할로윈을 보낼 수 있었던 것도 네가 원한다면 할로윈을 우리 집에서 경험할 수 있을 것이라는 통통의 제안 덕분이었다. 여행에서 많은 것을 미리 정할 필요는 없다. 내가 오랜 시간을 여행하면서 느꼈던 나의 여행 스타일은 조금 더 여유롭고 조금 더 변수에 유연한 자유로운 일정이었다. 그 덕분에 나에게 주어진 새로운 기회들을 나는 잔뜩 누릴 수 있었기에, 더 이상 여행의 끝이 다가오는 순간이 아쉽지 않았다.

러브밸리에서 본 일출

28

욜루데니즈 :
좋은 것 다음에 더 좋은 것

정들었던 도시를 떠난다는 것은 아쉬움 반과 또 새로운 도시에 대한 설렘 반을 가지고 가는 일이었다. 다음 목적지는 욜루데니즈라는 도시였다. 페티예에서 돌무쉬를 타고 40분 정도를 산을 넘어가면 나오는 산속의 작은 해변 도시. 세계 3대 패러글라이딩 성지로 유명했기에 바로 한국인들에게 유명한 헥토르의 가게에서 패러글라이딩을 미리 예약했다. 아침 일찍 데리러 온다고 해서 일찍 일어나 씻고 준비했다. 헥토르의 가게에서 간단한 안내를 받고, 교육 영상도 시청할 수 있었다. 그리고 함께 패러글라이딩을 해 주실 강사들과 함께 승합차를 타고 산꼭대기까지 한참 올라가는데 올라가는 와중에 파트너 강사를 정해 주었다. 핸드폰으로 뽑기 앱을 통해 파트너를 정했는데, 나는 굉장히 유쾌한 야부우스 아저씨와 함께 비행하게 되었다.

비행장에 도착해서 야부우스 아저씨가 온갖 사람들과 인사하고 수다 떠는데 진정한 외향인은 저런 것일까 생각이 들었다. 우리는 함께 온 사람들이 먼저 다 비행을 시작하고 나서야 출발했는데, 비행기를 타고 올라갈 필요가 없어 스카이다이빙보다는 덜 긴장이 되었다. 오히려 다른 사람들이 먼저 패러글라이딩을 떠나는 걸 봐서 그런지 조금 더 차분해진 상태로 비행을 시작할 수 있어서 좋았다. 아저씨는 세계 3대 패러글라이딩 성지인 이유를 설명해 주셨는데, 전 세계에서 이렇게 높은 산과 붙어 있는 지중해 바다를 볼 수 있는 곳이 극히 드물다고 말해 주셨다. 아저씨는 여름에는 패러글라이딩 강사로 일하고, 겨울에는 스키 강사로 일하고 있다면서 자신의 이야기를 해 주셨는데 액티비티를 정말 사랑하는 사람 같았다.

비행장을 크게 세 바퀴를 돌고 나서 천천히 하강하는데 야부우스 아저씨가 나에게 익스트림한 것을 좋아하냐고 물어보셨다. 매우 좋아한다고 하자 그렇다면 눈을 감고 손을 X자로 만들라고 했다. 마치 처음에 스카이다이빙하는 포즈 같아서 기대하면서 시키는 대로 했더니 급하강을 여러 차례 시켜주셨다. 처음에는 바람 소리가 너무 심하고 처음 스카이다이빙 하던 것처럼 숨이 탁 막혔는데, 한 번 하고 나니까 갑자기 아드레날린이 폭발해서 나중에는 엄청나게 신나서 아저씨에게 너무 재밌고 최고라고 엄지척을 해 드렸다. (나중에 들어 보니 급하강을 시켜 주신 강사는 야부우스 아저씨뿐이었던 것 같았다.) 그러고선 아저씨와 함께 비행하면서 간단한 인터뷰처럼 대화를 나누면서 세계 일주를 하고 있다고 말하니 아저씨 역시 자기도 언젠가 세계 일주를 해 보고 싶다고 하셨다. 무사히 땅에 도착해 헥토르의 가게로 이동해서 패러글라이딩 하는 사진과 영상을 너무 예쁘게 남겨 주셔서 추가로 돈을 내는 것이 아깝지 않았다. 추가금을 지불하고 사진과 영상 전부 넘겨받았다. 패러글라이딩 세계 3대 성지에서 패러글라이딩을 할 수 있어서 너무 행복했던 하루였다.

하루는 그리스에서 동행했던 언니가 우연히 욜루데니즈에서 일정이 겹쳐 함께 비치클럽에 가 보기로 했다. 1시간 정도 걸어가면 나오는 프라이빗 비치클럽에서 사람도 북적이지 않아 입장료와 선베드를 빌려 놀았다. 그러다가 물놀이하는 것이 슬슬 지루해질 때쯤 욜루데니즈 해변으로 다시 나와서 뭔가 할 만한 것을 찾다가 우연한 기회에 드래곤 나이트 보트 투어가 있다는 것을 알게 되었다. 원래 드래곤 보트 투어가 낮에만 진행되는 줄 알았던 우리는 바로 해변에 정박하여 있는 드래곤 보트에 가서 물어봤더니, 원래는 먼저 예약한 사람들만 탈 수 있다고 했지만, 다행히 자리가 있어 현장결제로 입장시켜 주겠다고 해서 바로 입장하겠다고 했다.

노을 수영과 버블파티, 저녁까지 포함된 투어 가격이 단돈 50리라밖에 안 해서 언니랑 굉장히 신이 나 버렸다. 배에 오르자마자 맥주 한 병씩 손에 들고 배의 뒷머리에서 보트 투어의 여유를 만끽했다. 출발 시간이 되어 배가 출발하고, 스노클링하는 포인트마다 멈춰서 바닷속에 들어가서 수영할 수 있었다. 비치클럽도 좋았지만, 확실히 배로 멀리 나와서 들어가는 물색은 차원이 달라서 다양한 해양 생물들과 물고기와 함께 수영할 수 있었다. 저 멀리에는 노을 지는 하늘까지 완벽한 보트 투어였다. 물속에서 나와 몸을 말리다가 저녁 먹을 시간이 되어서 제공해 주는 밥을 먹었는데, 닭고기와 샐러드, 밥 등 너무 든든하게 제공되어서 언니랑 '이렇게 투어해서 남는 것이 있을까'라고 의문이 생겼다. 해가 다 저물고 나서는 선상에서 버블파티를 했는데, 내가 봤던 드래곤 보트 투어 후기보다 훨씬 긴 시간을 파티에서 놀 수 있어서 저녁 투어의 차이는 이렇구나 싶었다. 덕분에 진짜 신나게 근처에서 놀고 있는 아이들과 거품을 던지면서 춤도 추고 깔깔거리며 웃을 수 있었다. 그렇게 마음 놓고 놀 수 있었던 시간이 너무나 오랜만이라서 더 행복했다.

패러글라이딩에서 야부우스 아저씨를 만난 것도, 그리스에서 만났던 동행과 다시 또 재회할 수 있었던 것도, 해변에서 어떤 투어를 할까 고민하다가 보트 투어에 참여하게 된 것도 모두 다 너무나 멋진 일들이라서, 내가 욜루데니즈에서 행복하지 않을 이유가 없었다.

드래곤 보트 위에서

29

빠이 :
2주 동안 심향에서 우리는 무엇을 했나

나는 아주 오랜 기간 동안 빠이를 그리워했다. 나뿐만 아니라 내가 만났던 빠이를 다녀온 여행자들은 다들 똑같이 빠이를 그리워했다. 그래서 나는 '내 여행의 끝 즈음에는 꼭 빠이에서 긴 시간을 휴식하며 지내다가 와야지'라는 목표가 있었다. 그리고 내 생일을 꼭 빠이에서 보내고 싶었다. 치앙마이를 거쳐 바로 빠이로 향했다.

빠이로 올라가는 날이 바로 내 생일이었는데, 오랫동안 세계 일주하는 사람들끼리 모인 방에서 친해진 동갑 친구가 빠이에 있어 심향이라는 한국인 스님이 운영하시는 숙소에서 함께 지내기로 했다. 생일날 아침부터 부지런히 여행에서 만났던 인연들과 한국에 있는 가족과 친구들에게 잔뜩 축하의 메시지를 받았다. 나를 잊지 않고 여전히 소중히 여겨 주는 이들이 많다는 것이 얼마나 감사했는지 모르겠다. 3시간의 산길을 굽이굽이 지나 드디어 그리웠던 빠이에 도착했다. 배낭을 메고 심향으로 걸어가는 와중에 친구에게 연락이 와서 어디냐고, 데리러 온다고 해서 덕분에 숙소까지 편하게 이동할 수 있었다. 체크인을 마치고 숙소에 들어가서 심향에 머무는 사람들과 다 함께 저녁을 먹었다. 친구가 내 생일이라고 미역국을 끓여 줘서 정말 감동했다. 예상하지 못했던 편지와 꽃, 크림빵에 초를 꽂아 진심으로 축하해 주는 사람들에게 오자마자 내 마음 한구석에 있던 외로움마저 걷어진 기분이었다. 생일을 유별나게 챙기는 성격은 아닌데도 타지에서 사람들과 함께 맞이하는 것이 무척 행복했다. 나의 빠이 첫날부터 매우 행복한 하루였기에 앞으로의 빠이 여행이 기대되기 시작했다.

빠이의 코끼리 사육장

빠이를 여행하기에 앞서, 빠이는 교통이 무척 불편하기 때문에 꼭 스쿠터를 빌려서 여행하는 것이 기본값 같은 느낌이었다. 일단 친구가 추천해 준 스쿠터 샵에서 후불로 한 번에 결제하기로 하고 노란색의 귀여운 스쿠터를 빌렸다. 저녁에는 숙소 사장님이 삼겹살 파티한다고 해 주셔서 일단 오랜만에 보는 빠이 시내를 구경하고, 윤라이 전망대로 올라가서 빠이의 전체적인 풍경이 한눈에 들어오는 곳에서 차 한 잔 하면서 여유롭게 앉아 있다가 숙소로 돌아와서 사람들과 함께 삼겹살도 구워 먹고 빠이의 중앙거리에 매일 밤 열리는 야시장에 가서 간식들도 사 먹고 나서 사람들과 거실에 모여 보드게임도 했다.

다음 날 갑자기 친구는 야시장에서 간단한 용돈벌이 겸 마켓을 열어 보고 싶다고 해서 함께 태국의 다이소 같은 곳에서 어떤 것을 어떻게 팔아 볼까 하면서 구경했다. 그러다가 비눗방울을 발견해서 하나 샀는데, 그걸로 빠이에서 아주 야무지게 가지고 놀았다. 혼자서 빠이 공항 쪽으로 드라이브 하러 나갔는데, 날씨가 너무 좋아서 기분이 좋았다.

숙소로 돌아오니 친구가 밤 온천을 하러 가지 않겠냐고 제안했다. 우리가 온천하러 간 곳은 싸이남 온천이라는 계곡이었는데 흐르는 물이 온천수인 곳이었다. 밤에 온천을 하면, 근처에 불빛이 하나도 없기 때문에 별이 정말 쏟아질 것 같이 예쁘다고 했다. 말만 들어도 너무나 낭만적일 것 같아 바로 출발하자고 했다. 가로등이 하나도 없는 길을 스쿠터 두 대로만 이동해야 해서 가는 길이 무섭긴 했지만 그래도 함께하는 친구가 있어서 괜찮았다. 온천에 도착해서 바로 들어가려고 수영복으로 갈아입었더니 친구가 가방에서 작은 초들을 꺼냈다. 물 위에 몇 개의 초를 띄워 두고 온천을 했는데 물이 따듯해서 긴장되었던 몸이 사르르 풀려 가기 시작했다. 다른 사람 없이 함께 온 친구와 동생 그리고 나까지 딱 세 명이 눈치 보지 않고 편하게 수다 떨면서 온천욕을 즐길 수 있어서 너무 좋았다. 특히나 물 위에 은은하게 떠 있는 초들이 밝혀 주는 서로의 얼굴이 너무나 편안해 보여서 문득 이 순간이 소중해졌다. 밤 온천이라는 것이 상상되지 않았는데, 이제부터 나의 밤 온천은 이날로 기억될 것 같다는 생각이 들었다. 불빛 하나 없고, 소리라고는 계곡이 흐르는 물소리와 우리가 잔잔하게 떠드는 말소리, 그리고 물 위에 떠다니던 초들까지. 모든 것이 정말 아름답던 밤이었다.

하루는 심향의 사람들과 함께 100℃가 넘는 유황온천을 보러 가기로 했다. 가는 길에 비가 오락가락했지만, 길 자체가 너무 예뻐 날씨가 불편하게 여겨지지 않았다. 온천에 도착해서 계란을 구입하고 챙겨 간 음식들로 피크닉을 즐겼는데, 그곳으로 혼자 여행 온 아르헨티나 친구 나우엘과 간단한 대화도 나눴다. 심향 친구들과 함께하면 재밌는 일밖에 생기지 않는 것 같다. 다 같이 아르헨티나에서 왔다니까 아는 온갖 스페인어를 다 끄집어내면서 이야기했더니 나우엘이 우리가 재밌다고 웃었다. 이렇게 만난 것도 인연이라며 다 함께 셀카도 찍고, 헤어져 숙소로 돌아가는데 타이밍 좋게 하늘이 맑아졌다.

쭉 뻗은 도로 위에 우리밖에 없다는 것을 알고 바로 멈춰서 함께 사진을 찍었다. 이렇게 멋진 친구들과 함께 여행할 수 있다는 것은 감사한 일이었다. 빠이에서의 일상이 빠르게 지나가고, 떠날 날이 얼마 안 남았을 무렵 가 봐야지 했던 반자보로 여행을 떠났다. 빠이에서 스쿠터로 1시간 반에서 2시간 정도를 산 넘고 강 건너가면, 나오는 절벽에 위치한 작은 마을이 반자보였다. 그곳에서 보는 일출이 무척 아름답다고 했지만, 일출을 보기에는 불빛 하나 없는 도로를 달려야 했기에 우린 안전하게 해가 뜨고 나서 빠이에서 출발했다. 산을 넘어가야 했기에 가는 길에 비가 좀 내렸지만, 다행히 사고 없이 무사히 반자보에 도착할 수 있었다. 반자보 마을에서 가장 유명한 절벽 국숫집에서 따듯한 국수 한 그릇을 먹고 바로 옆에 있는 간이카페에서 음료 한 잔을 마시면서 풍경을 보고 있는데 어디서 고양이 한 마리가 다가왔다. 사람을 엄청나게 좋아하는지 계속 몸을 부딪치고 안기기에 잔뜩 예뻐해 주었다.

반자보 절벽국수와 간이카페

유별나게 볼 것이 많은 곳도 아닌데, 왜 나는 빠이를 특히 좋아했는지 생각해 봤다. 빠이에 가면 내가 여행자임에도 바쁘지 않고 그저 원래 그곳에 살았던 사람처럼 그 마을에 스며들 수 있었다. 이방인이 너무 익숙한 곳이기에 어떤 이방인이 오더라도 상관없다는 분위기가 나에게 안정감을 주었다. 저렴한 물가와 많은 것이 주어지지 않아도 행복한 사람들의 얼굴, 낭만이 가득한 낮과 밤의 빠이는 그저 있는 그대로 사랑스럽고, 아름다웠다. 나의 빠이는 그런 곳이었다.

30

만달레이 : 믿을 수 없던 순간, 석양의 빛무리

미얀마를 여행하기로 마음먹었던 것은 빠이를 떠나 치앙마이에서 일주일 정도 보냈을 무렵이었다. 원래 미얀마를 들어가려면 비자를 받아야 하는 것으로 알고 있었기에 여행할 계획조차 없었는데, 좋은 기회로 미얀마가 딱 내가 여행하던 시기에 도착 비자를 한국과 중국에만 실시한다는 정보를 듣게 되었다.

이미 치앙마이는 여러 차례 여행했기 때문에 망설임 없이 바로 미얀마로 갈 방법을 찾아보기 시작했다. 마침 치앙마이가 미얀마의 국경과 가까운 도시였기에 나는 육로로 이동할 계획을 세웠는데, 생각보다 육로로 이동한 사람이 없어 정보를 얻기가 무척 어려웠다. 정보가 있긴 했지만 아주 오래된 글이라서 어떤 변화가 있을지 몰라 걱정스러웠지만 일단 가봐야 알 수 있는 것이라고 생각해서 도전해 보기로 했다. 치앙마이 버스터미널에서 매솟으로 이동해서 썽태우를 타고 국경 가까이 가서 내려서 건너면 미야와디라는 미얀마의 작은 마을에 도착할 수 있는데 국경에서 입국 심사를 하는 와중에 아직 도착 비자에 대한 내용이 넘어오지 않았는지 입국 심사관도 잘 모르는 눈치였다. 다행히 그거에 관련된 영문 부분을 캡처해서 갔던지라 설명하고 내용을 보여 드렸더니 조회해 보더니 도착 비자 비용을 받으시고 드디어 입국 도장을 찍어 주셨다. 꽤 오래 걸렸지만, 미야와디에서 수도 양곤으로 넘어가는 버스 시간을 이럴 줄 알고 넉넉하게 생각해 둬서 여유롭게 버스를 기다릴 수 있었다.

무사히 양곤을 거쳐 바간을 여행하고 마지막 만달레이에 도착할 때쯤 나의 피부가 새까맣게 타 버려서 어디를 가도 사람들이 미얀마 사람으로 착각할 정도였다. (중간에 도시세를 걷는 곳에선 나를 미얀마 사람으로 생각하고 넘어가 버린 적도 있었다.) 만달레이에 도착하자마자 동행을 구해서 함께 우베인 다리로 노을을 보러 갔다. 타웅터만 호수를 가로지르는 긴 다리 사이로 드문드문 보트를 탄 사람들이 물살을 가르며 놀고 있었다. 다리 위를 천천히 걷다 보면 미얀마 아이들이 앉아서 도란도란 대화를 나누는 것을 보면서 나에게도 그 여유로움이 전염되듯 했다. 함께한 동행이 말수가 적은 사람이라서 더 좋았다. 괜히 말을 나누려는 노력할 필요 없이 서로 편하게 풍경을 감상하고 사색에 잠길 수 있었다. 호수의 물이 깊지 않아 물의 반영으로 나무 한 그루가 반사되어 노을과 함께 거꾸로 매달려 있었다. 자연이 만든 데칼코

밍군의 신뷰메와 우민톤제

마니였다. 해가 다 저물고 나서도 한참을 다리를 맴돌면서 눈으로, 가슴으로, 머리로 풍경을 담았다.

하루는 만달레이에서도 스쿠터를 빌릴 수 있다는 정보를 얻어 스쿠터를 빌려 근교에 있는 파고다 밀집 지역인 밍군까지 가 보기로 했다. 렌트하고 나오자마자 경찰이 하고 계시는 단속에 걸렸는데 국제면허증을 들고 다녔기 때문에 라이센스를 찾으시는 경찰에게 보여 드리고 무사히 넘어갈 수 있었다. 사가잉을 지나쳐 밍군까지 가는데 1시간 정도 걸렸는데, 원래 밍군 입장료가 있는 것을 알고 있었는데 입구에서 입장료를 내라고 안내받지 못해서 의도치 않게 그냥 통과해서 지나갔다.

밍군 제일 안쪽에 위치한 신뷰메 파고다를 보기 위해 주차장에 주차하는데, 아주머니 한 분이 미얀마어로 뭐라고 말씀하셨다. 못 알아들어서 "Sorry?"라고 말했더니 막 웃으면서 그때부터 영어로 말하셨는데, 내가 미얀마 사람인 줄 알았다고 그러셨다. 그냥 나도 같이 씩 웃고 주차비를 지불한 다음 신뮤메 파고다에 입장했는데, 거기에서 아이들이 사진을 찍어 준다는 이야기를 들었는데 아무도 없어서 부탁할 수도 없었다. 어쩔 수 없이 혼자서 열심히 삼각대로 사진 찍다가 밍군을 나와서 연초록색 파고다로 유명한 우민톤제 파고다로 이동했다. 날이 무더워서 그런지 둘러보는 사람이 나뿐이어서 여유롭게 구경할 수 있었다. 미얀마의 파고다는 신성하게 여겨지기 때문에 나시나 반바지를 입어선 안 되고 맨발로 입장해야 했는데 바닥에 깔린 타일이 열을 받아 엄청나게 뜨거워져 있어서 화상 입는 줄 알았다. 내부의 수많은 부처상과 바깥 건물을 구석구석 한 바퀴 돌면서 둘러보고 나와 다시 시내로 돌아왔다.

무더운 오후에 스쿠터를 타고 여행하다 보니 일사병처럼 증상이 오는 것 같아 시원한 곳에서 쉬다가 노을이 질 무렵 만달레이 힐로 향했다. 스쿠터로 위까지 올라갈 수 있는 줄 모르고 맨 아래에 주차해 두고 한참 계단을 걸어 올라갔는데 중간에 올라가는 바이크들을 보면서 스쿠터 타고 올라와도 되는 것을 알았다. 전날 함께 우베인 다리를 둘러봤던 분이 또 비슷한 시간에 만달레이 힐에 계셔서 함께 만나서 노을을 보기로 했는데, 숙소에서 다른 한국 분과 같이 나왔다며 세 명이 시간을 보내게 되었다. 새로운 동행은 이제 막 세계 일주를 시작한 분이었는데 중간에 아버지와 함께 여행한다고 해서 뭔가 낭만적이라고 느껴졌다.

해가 구름 속으로 저물어 가는 것을 보다가 “우리도 슬슬 돌아가자.” 할 때부터 노을이 시시각각 변하기 시작했다. 구름 안으로 들어간 햇빛이 여러 갈래로 갈라지기 시작하더니, 찬란한 노을빛 기둥이 생기기 시작했다. 특별한 날은 아니었다. 여행 다니기에는 조금 수월한, 구름은 적당하고 스쿠터를 타면서 맞는 바람이 시원한 그런 날이었다. 맨 아래에서 맨 꼭대기까지 엘리베이터도 있고 에스컬레이터도 있었지만, 수백 개의 걸음으로 계단을 타고 올랐던 곳이었다. 숨찬 걸음이 꼭대기에 닿을 쯤 일몰이 시작되고, 사람들이 이미 볼 만큼 다 봤다며 썰물처럼 빠져나가기 시작했을 때였다. 사람이 만들어 낸 인공적인 빛기둥이 아닌 말 그대로 자연이 선물해 주는 순간이었다. 만들려고 해도 만들 수 없는 순간이었다. 그래서 잊혀지지 않을 기억이 되어 버린 날이었다. 미얀마에서 꽁야를 씹던 이가 빨갛게 보이도록 웃던 말간 얼굴에 하얗게 말라붙은 타나카, 대충 걸친 론지가 그들의 정체성처럼 남아 있던 사람들의 순수함을 보며 나는 가끔 부끄러웠다. 그들보다 무엇을 더 가졌든지 나는 그들보다 더 평온할 수 없었다. 그냥 그랬을 게 분명했다.

만달레이힐에서 만난 노을

31

끄라비 : 홍섬과 피피섬에서 생긴 일

그렇게 여러 차례 태국을 여행하면서 남부 지방을 한 번도 가 보질 못해 다시 방콕으로 돌아갈 무렵, 끄라비로 향하기로 마음먹었다. 다들 끄라비에서는 으레 그렇듯 라일레이 비치 쪽의 리조트에 머물렀지만, 홀로 여행하는 나에게는 가성비 있는 다운타운의 호스텔이 딱 맞았다.

호스텔에 도착해서 체크인을 마치고 어떤 투어를 가 볼까 고민하다가 보트를 타고 홍섬과 근처의 다른 섬들을 가는 투어를 예약했다. 처음 부른 가격이 내가 알아본 가격보다 터무니없이 비싸길래 조금 깎아 달라고 했더니 한 50바트를 더 깎아 줘서 아쉬움 없이 알겠다고 했다. 말도 안 되는 흥정을 하고 싶지 않았고, 너무 안 좋은 이미지를 줘 봤자 다음 여행자들에게 좋지 않을 거라는 걸 알기 때문이었다. 무사히 예약을 마친 뒤에 다운타운에 주말마다 열리는 야시장으로 저녁을 먹으러 갔다. 대부분의 라일레이 비치에서 머무는 사람들도 야시장을 보기 위해 다운타운에 온다고 했다. 야시장의 규모가 꽤 커서 상상했던 작은 시장의 느낌은 아니었지만, 오히려 좋다는 생각이 들었다. 먹거리도 많고 살만한 기념품들도 꽤 되기에 곧 한국으로 돌아가는 나에게 쇼핑할 기회가 찾아온 느낌이었다. 아직 남은 일정이 있어서 미리 짐을 늘려 놓을 필요는 없으니 일단 한 바퀴 둘러본다 생각하면서 밥도 챙겨 먹고 가장 좋아하는 태국식 꼬치(꼬치를 고르면 바로 구워 준다.)도 사 먹었다. 그리고 여행의 막바지라 체력이 많이 떨어져서 일찍 숙소에 들어가서 홍섬투어를 위해 쉬었다. 다운타운에 숙소를 잡았더니, 야시장과 가까워서 좋았다.

팍비아 비치

아침 일찍 홍섬투어를 가기 위해 숙소로 데리러 온 성태우를 타고 라일레이 비치 쪽으로 이동했다. 대부분의 투어는 라일레이 비치에 정박해 둔 보트를 타고 출발하는 일정이었다. 시간에 맞게 모인 투어 멤버들과 함께 홍섬을 향해 출발했는데 중간마다 섬 몇 개를 경유하는 일정으로 이동했다. 틈틈이 깊은 바다와 해변을 돌아가면서 스노클링을 즐길 수 있었는데, 깊은 바다에서 보는 열대어들이 너무 아름다웠다. 투어에는 점심도 포함이었는데, 팍비아라는 섬에서 점심을 먹고 자유 시간을 2시간 정도 가질 수 있었다. 내가 마음에 들었던 곳은 반대편의 작은 해변이었는데, 동굴의 입구처럼 생긴 절벽을 보면서 수영하기가 딱 좋았다. 마지막쯤에는 드디어 홍섬으로 이동했는데 가이드가 혼자 온 나를 위해 열심히 사진을 찍어 주셔서 너무 감사했다. 섬에서는 내리진 않고 간단하게 인증 사진을 찍은 다음 다시 라일레이 비치로 돌아왔다.

하루 종일 물놀이하면서 놀았더니 피로도가 꽤 높아져서 투어 했던 곳에서 성태우로 숙소까지 데려다줘서 바로 방으로 들어가서 씻고 낮잠을 한숨 잤다. 신나게 물놀이 후 단잠을 잘 수 있는 여유라니, 너무 행복했다. 한참 자고 일어나니 해가 저물어 가고 있었는데, 저녁을 거하게 먹고 싶은 생각도 없어서 또 야시장 구경할 겸 나갔는데, 토요일 저녁이라 그런지 금요일 저녁보다 사람도 많고 뭔가 더 활기찬 분위기가 좋았다. 토요일이라서 다들 좋은 곳으로 떠났는지 내가 머무는 방에 나 말고는 아무도 없어서 편하게 짐을 싸기 시작했다. 바로 다음 날 피피섬으로 들어가는 일정이었기 때문에 다운타운을 떠날 준비를 해야 했기 때문이었다. 숙소에서 피피섬으로 가는 배도 예약해 주셨는데 다운타운의 숙소까지 픽업 온다고 해 줘서 너무 좋았다.

아침 일찍 픽업 온 차를 타고 항구로 이동했다. 2시간 정도 배를 타고 들어가면 그렇게 아름답다는 피피섬에 도착하는데, 여행의 끝에 다다를 무렵이라 물가가 비싼 피피섬에서 절약하다 보니 숙소의 컨디션이 정말 별로였다. 체크인 시간이 돼서 10인실인데 온갖 외국 애들이 시끄럽게 떠드는 그런 방이었다. 화장실과 샤워실이 붙어 있었는데, 너무 작아서 머무는 내내 힘들겠다 싶었다. 근데 어차피 머물기로 했고 무를 수 없으니 그냥 긍정적으로 생각하기로 했다. 이동한 다음 날 날씨가 꽤 괜찮기에 오전에 알아봐서 오후에 나가는 스노클링 투어를 예약했다.

롱테일 보트를 타고 나가서 여러 포인트에서 스노클링하는 투어였는데, 가장 좋았던 곳은 한 20미터 깊이 된다고 했던 곳이었다. 물 속에 들어갔더니 잔뜩 보이던 작고 귀여운 열대어들과, 아무리 잠수해도 닿지 않는 바닥이 왠지 나를 편안하게 만들었다. 이렇게 신나

태국의 롱테일 보트

게 물놀이를 할 수 있는 시간도 오늘이 거의 마지막이라고 생각했더니 내가 사랑하는 여행의 순간을 놓치지 않고 잔뜩 즐겨야겠다는 생각이 들었다. 투어가 끝날 무렵 돌아오는 배에서 노을을 봤는데, 구름 사이로 비치는 붉은 태양의 여운이 또 소중한 하루가 지나갔다는 생각을 들게 했다. 여행의 끝은 아쉽지만, 나는 긴 여행을 통해 언젠가 또다시 길 위로 돌아올 날을 꿈꾸게 되었으니 슬프진 않았다. 영영 돌아갈 수 없는 시간을 보내고 있으나 영영 돌아갈 수 없는 장소가 아니기에 나는 너무 많은 그리움을 이곳에 남겨 두지 않기로 했다.

32

쿠알라룸푸르 : 370일간의 여행을 마치며

벌써 긴 여행의 마지막 페이지다. 나와 함께 이 책의 마지막 페이지를 열어 버린 당신에게도 조그마한 감사를 전한다. 끄라비에서 쿠알라룸푸르로 넘어가는 직항이 있어 그것을 예약하고, 거기서 이제는 미뤄 뒀던 한국으로 가는 비행기를 찾아볼 때 이상하게 눈물이 났다. 여행하는 내내 사실 몇 번을 그 여행지에서 한국으로 가는 비행기를 찾아봤었으나, 여태껏 내가 찾아봤던 한국행 비행기 중에서 가장 저렴한 비행기가 쿠알라룸푸르에서 한국으로 돌아가는 비행기였다. (잘 버텨서 결국 목표한 곳에서 한국으로 돌아갈 수 있다니) 그리고 드디어 이제야 한국에 돌아간다는 실감이, 예약을 마치고 날아온 메일에 있는 티켓을 보고 확 들었다.

끄라비 다운타운에서 공항으로 가는 성태우를 타고, 공항에 도착해서 내릴 때 50밧을 쓰윽 내밀며 웃었더니 내가 여행자인 것을 알지만 착한 성태우 기사님은 다른 태국 사람들과 같은 50바트만 받고 떠나셨다. (관광객인 거 알고 있었겠지만 배낭여행자여서 봐준 것 같았다.) 1시간 반 만에 쿠알라룸푸르에 도착해서 공항에서 시내로 나가는 스타 셔틀버스를 타고 숙소에 무사히 도착했다. 이제 짐을 잃어버릴까, 도둑을 만날까 걱정할 필요가 더 이상 없다는 것에 기분이 묘했다. 예약해 뒀던 숙소의 위치가 쿠알라룸푸르를 여행하기 더할 나위 없는 곳이어서 잔뜩 걸어 다니면서 그동안 먹고 싶었던 돈가스도 먹고, 타이거슈가의 흑당 버블티도 먹었다. 쿠알라룸푸르에서는 관광을 해야 한다는 스트레스 없이 먹고 싶은 것을 잔뜩 먹고 놀기로 계획했기 때문에 말레이시아 전통 음식인 나시르막도 먹어 보고, 밤이 되면 열리는 '잘란 알로' 야시장에서 볶음밥과 사테, 맥주도 먹었다. 여행하는 내내 마음껏 먹고 가 보고 싶었던 감성 넘치는 카페들을 다니고, 쇼핑하는데 왜 마음이 허전하면서 즐겁지 않았는지 나는 알고 있었다.

쿠알라룸푸르 쌍둥이빌딩

여행을 마친다는 것은, 그 기간이 길든 짧든 아쉽고 허전한 일이었다. 무사히 여행을 마친 것에 대한 감사와 그리운 가족과 친구의 곁으로 돌아간다는 기쁨, 반가움도 있었으나 막상 한국행 비행기 티켓을 들고 무겁게 들고 다녔던 가방을 수화물로 보낸 뒤에 혼자 앉아 마음을 쏟아 낼 곳이 없어 글을 적었다. 무려 370일이었다.

문득 생각을 다시 세계 여행을 시작하던 첫날로 보냈더니, 나를 공항까지 마중해 주셨던 부모님이 기억났다. 카트를 끌고 함께 짐을 부친 뒤 나라면 무사히 잘 마치고 돌아올 것이라는 믿음을 보내 주신 나의 부모님. 또 긴 여행 동안 마음 둘 곳 없을 때마다 응원해 주셨던 나보다 이미 먼저 그 길을 걸었던 사람들, 혹은 동 시간대 세계 곳곳을 여행하던 세계 여행자들과 잠시 스쳐 감이었으나 소중한 인연이 되어 준 동행들. 한국에서 내가 담아낸 풍경들을 보며 잊지 않고 연락해 주었던 친구들. 나는 내가 혼자 걸었다 생각했던 길을 수많은 이들과 이미 함께 걷고 있었다는 것을 알았다. 이번 여행에서 여행했던 모든 나라를 세어 보니 27개의 나라와 122개의 도시를 거쳤다. 전혀 유명하지 않은 이름의 작은 도시도, 누구나 가길 꿈꾸는 멋진 도시도 하나하나 모두가 나의 추억이 잔뜩 담은 도시가 되었다. 어떠한 사건이나 사고 없이 건강하게 나의 고국으로 돌아간다는 것은 정말로, 너무나 감사한 일이었다. 이제는 내 여행담이 하나의 추억이 되어 그곳을 다녀온 이들과 추억을 공유하거나 또 다른 이가 여행하는 시간과 내가 여행했던 시간을 맞추어 볼 수 있을 것이었다. 여행의 마지막이 아쉽고 허전했으나 너무 오래 그 감정을 안고 가지 않기로 했다. 여행이 끝나도 삶은 여전히 이어 가야 하기에. 그러나 이 마지막은 너무 씁쓸했다. 내 일생의 처음이자 마지막인 370일의 세계 일주가 끝이 났다.

그래도 나 여행하면서 정말 행복했어. 그거면 된 거지!

여행으로 자란다

초판 1쇄 발행 2023년 12월 22일

지은이 고현아
펴낸이 이기봉
편집 좋은땅 편집팀
펴낸곳 도서출판 좋은땅
주소 서울특별시 마포구 양화로12길 26 지월드빌딩 (서교동 395-7)
전화 02)374-8616~7
팩스 02)374-8614
이메일 gworldbook@naver.com
홈페이지 www.g-world.co.kr

ISBN 979-11-388-2603-7 (03980)